Du même auteur chez Talma Studios :

– *L'Arme climatique – La manipulation du climat par les militaires* ;

– *Guerre en Ukraine – La responsabilité criminelle de l'Occident*

– *Le Mystère des cartes anciennes – Ces anomalies extraordinaires qui remettent en question l'histoire de l'humanité.*

– *Le FBI, complice du 11 Septembre* ;

en tant que co-auteur :

– *Mondes parallèles et fantômes au château de Versailles*, avec Jean Michel Gosan ;

– *Géopolitique des cryptomonnaies*, avec Nancy Gomez ;

– *418 Milliards, la fraude de la grande distribution avec la complicité des élus et de l'Administration*, avec Martine Donnette et Claude Diot.

ISBN : 978-1-913191-54-2

Talma Studios International
Clifton House, Fitzwilliam St Lower
Dublin 2 – Ireland
www.talmastudios.com
info@talmastudios.com

© All rights reserved. Tous droits réservés.

Patrick Pasin

L'ARME ENVIRONNEMENTALE

Opérations et programmes secrets des militaires

3e édition

Table des matières

Introduction   5
Préambule   7

Chapitre 1
Traités et conventions   11

Chapitre 2
L'Océan   33
    I. Les courants océaniques   34
    II. El Niño   36
    III. Les tsunamis   39

Chapitre 3
La Terre   65
    I. Les tremblements de terre   66
    II. Les volcans   104
    III. La végétation   106
    IV. L'érosion du sol   144
    V. La sécheresse   146

Chapitre 4
Le Ciel   147
    I. Le climat   147
    II. La sécheresse   154
    III. Le brouillard   161
    IV. La foudre   163

Chapitre 5
L'Espace   165

Conclusion
Sauver la planète ?   197

Postface   200

Introduction

Dans le premier chapitre de *L'Art de la guerre*, Sun Tzu écrit il y a environ 2 600 ans :

> Si nous voulons que la gloire et les succès accompagnent nos armes, nous ne devons jamais perdre de vue : la morale, le climat, le terrain, le commandement et la discipline.

Avec deux références sur cinq – le climat et le terrain –, l'environnement est donc indissociable de l'art de la guerre. L'Histoire abonde en effet de défaites et de victoires où les conditions climatiques jouèrent un rôle déterminant. L'un des exemples les plus connus est, sans doute, la désastreuse campagne de Russie perdue par Napoléon, où la politique de la terre brûlée déclenchée par les Russes et le froid sibérien régnant alors sur Moscou contribuèrent à la destruction de la Grande Armée.

Subir l'environnement est une chose, le modifier en est une autre. En conséquence, depuis aussi loin que remonte l'Antiquité, les stratèges cherchent à l'utiliser pour triompher sur le champ de bataille. Ainsi, déclencher des incendies, provoquer des inondations, détourner des cours d'eau ou les empoisonner sont des méthodes que l'on retrouve, par exemple, dans Thucydide et son livre *La Guerre du Péloponnèse*, écrit au Ve siècle avant Jésus-Christ.

Deux siècles plus tard, lors du siège de Syracuse par les Romains entre 214 et 212 avant J.C., le grand Archimède a l'idée de recourir, avec succès, à des miroirs concaves concentrant les rayons solaires en direction des voiles afin d'incendier la flotte ennemie.

Deux millénaires plus tard, la technoscience a fait son apparition, jusqu'à en devenir omniprésente sur le champ de bataille. L'arme environnementale n'a pas échappé à cette (r)évolution : il ne s'agit plus désormais de brûler quelques bateaux mais bien de rayer de la carte des villes, des régions, des pays entiers.

Quelques traités internationaux tentent de limiter le champ d'action des militaires dans ce domaine – c'est l'objet du premier chapitre de ce livre –, mais ils savent néanmoins les contourner et exploiter l'océan, la terre, le ciel et l'espace comme armes de guerre.

Notre Terre est donc devenue une arme de destruction massive, et la frontière avec le crime de guerre ou contre l'humanité devient d'autant plus ténue que l'homme ne peut être extrait de son environnement. Elle fut même franchie à plusieurs reprises au cours de l'histoire récente, ainsi que nous le constaterons.

En effet, nous découvrirons au fil de ces pages que ces *Deus ex machina* des temps modernes les ont déjà utilisées et continuent de les perfectionner sans répit. Il semble ne plus y avoir de limite, pas même à leur folie : de nos jours, c'est certainement sur la Lune qu'Archimède installerait ses miroirs. Peut-être y sont-ils déjà.

Alors bienvenue dans ce monde où le secret est la norme. De là à penser qu'il y a pire que ce que nous décrivons...

Préambule

Avant d'entrer dans le vif du sujet avec le chapitre des traités et des conventions, reprenons ce passage de *L'Arme climatique*,[1] tout particulièrement à l'attention du lecteur dubitatif a priori, afin de donner un premier aperçu de la panoplie des armes environnementales déjà disponibles dans les années 70 :

> Nigel Calder, auteur scientifique, publie *Unless Peace Comes*[2] en 1968, dans lequel il fait appel à plusieurs experts sur le thème de l'évolution de l'armement, dont le général André Beaufre, alors directeur de l'Institut français d'études stratégiques. Les différents chapitres portent sur les armes biologiques, chimiques, nucléaires et, évidemment, environnementales.
>
> Cette partie est rédigée par le Pr Gordon J. F. MacDonald, directeur adjoint de l'Institut de géophysique et de physique planétaire à l'Université de Californie et ancien membre du Comité des conseillers scientifiques du président L. B. Johnson. Il l'intitule *Comment détraquer la Nature* – on ne peut être plus clair... – et commence ainsi :
>
> « Parmi les moyens futurs d'atteindre divers objectifs nationaux par la force, il y en a qui exploitent la capacité de l'homme de contrôler et de manipuler les phénomènes naturels de la planète. S'il se concrétise, ce pouvoir sur le milieu ambiant offrira une force nouvelle, susceptible de causer des destructions considérables et aveugles. [...] Il se pourrait que dans ce monde-là, les armes nucléaires fussent effectivement mises hors la loi – et alors les armes de destruction massive seraient celles du bouleversement de la nature.
>
> [...] J'entends démontrer que ces armes sont particulièrement appropriées aux guerres clandestines et secrètes.

---

[1]. *L'Arme climatique, la manipulation du climat par les militaires*, Patrick Pasin, Talma Studios, 2017.
[2]. *Unless Peace Comes*, Nigel Calder, The Penguin Press, 1968. Édition française : *Les Armements modernes*, Flammarion, 1970.

Comment procéder ? Il suffit de demander :

> La clef de la guerre géophysique, c'est de reconnaître des situations naturelles instables auxquelles il suffit d'ajouter une petite quantité d'énergie pour en libérer des quantités beaucoup plus grandes. [...] La libération de cette énergie pourrait avoir des effets planétaires (modification du climat) ou locaux (tremblements de terre provoqués, ou pluies abondantes).

Le Pr MacDonald expose ensuite différentes possibilités de modification du climat, que l'on pourrait qualifier d'« assez classiques », telles que le déclenchement de précipitations, l'utilisation des tempêtes, des ouragans, de la foudre, de la calotte glaciaire, des courants océaniques, des tremblements de terre, etc. En revanche, sa présentation d'autres techniques ne peut qu'interpeller :

> Des résultats plus immédiats, plus brefs peut-être mais néanmoins désastreux, peuvent être prédits si l'on met au point les moyens chimiques ou physiques d'attaquer un des composants naturels de l'atmosphère : l'ozone. [...] À doses modérées, cette radiation [les rayons ultraviolets] provoque les coups de soleil. Si elle était reçue à la surface dans toute sa force, ce serait la fin de toute vie – y compris les récoltes et les troupeaux, qui ne pourraient pas chercher d'abri. L'ozone est reconstitué chaque jour, mais on pourrait créer un « trou » temporaire dans la couche d'ozone au-dessus d'un objectif, par une action physique ou chimique.

Rétrospectivement, nous pouvons nous interroger si le trou dans la couche d'ozone avait pour seule cause les chlorofluorocarbones ou CFC, notamment contenus les déodorants. D'autant plus que Lowell Ponte confirme dans plusieurs articles en 1972 et son livre *The Cooling*[3] que le ministère de la Défense a développé un nouveau type de canon laser qui pourrait être installé sur un satellite géostationnaire et produire des trous dans la couche d'ozone au-dessus d'une zone ciblée, par exemple le Vietnam. Il commente ensuite les hypothèses du Pr MacDonald :

---
3. *The Cooling*, Lowell Ponte, Prentice-Hall Inc., 1976.

Préambule

Les tremblements de terre feraient d'excellentes armes, écrit MacDonald, et de même pour les tsunamis que les tremblements sous-marins peuvent produire. Si l'électricité atmosphérique peut être contrôlée, des orages pourraient être dirigés contre un ennemi. Et peut-être que toute vibration électrique dans l'atmosphère pourrait être contrôlée dans le but de détériorer les structures délicates des rythmes biologiques ou des ondes cérébrales de la population dans un autre pays.

Le ministère de la Défense est intervenu dans tous les domaines que MacDonald décrit. [...] Il a étudié les moyens d'endommager la couche d'ozone à la fois avec des lasers et par le bombardement de réactifs chimiques. Il a étudié les moyens de détecter et de générer des tremblements de terre à travers Prime Argus, un projet de la Darpa. Il a étudié la foudre à travers les ressources du projet Skyfire et la manipulation des ouragans grâce à son rôle dans le projet Stormfury.

Et dans le cadre du projet Sanguine, le Pentagone a étudié les effets potentiels sur les êtres humains des impulsions électriques dans l'atmosphère. [...] Le projet Sanguine consistait à enterrer quelque part aux États-Unis une antenne d'environ 40 000 km^2. Cette antenne serait utilisée pour transmettre plusieurs millions de watts d'énergie sur des radiofréquences très basses qui pourraient pénétrer l'eau. Quels seraient les effets de si puissantes transmissions sur les êtres humains vivant à proximité de l'antenne ?

Il y a toutefois un domaine décrit par le Pr MacDonald dont il est raisonnable de penser que les militaires ne l'ont pas encore testé :

Nous avons découvert à la surface du soleil des instabilités importantes, qui pourraient être exploitées d'ici un certain nombre d'années. Dans une éruption solaire, par exemple, 10^{10} mégatonnes d'énergie sont emmagasinées dans des champs magnétiques déformés. Des techniques d'avant-garde pour le lancement des fusées et le déclenchement d'explosions puissantes peuvent nous permettre dans l'avenir de tirer profit de telles instabilités.

À quand la manipulation de la galaxie ? Les militaires y songent sans doute déjà...

Conscient des dangers que représentent ces armes d'un genre nouveau pour la planète et l'humanité, le Pr Gordon J. F. MacDonald milite quelques années plus tard en faveur d'un traité général d'interdiction de l'arme climatique et environnementale, qui deviendra la convention Enmod, que nous présentons dans le premier chapitre.

Chapitre 1

Traités et conventions

Un thème récent

L'environnement commence à apparaître dans les accords internationaux il y a une cinquantaine d'années environ, car il ne constitue pas une préoccupation majeure pendant la première moitié du XXe siècle et avant. Il est donc absent de la Charte des Nations Unies signée le 26 juin 1945, qui stipule dans son article 1.3 du « Chapitre I : Buts et principes » :

> 3. Réaliser la coopération internationale en résolvant les problèmes internationaux d'ordre économique, social, intellectuel ou humanitaire, en développant et en encourageant le respect des droits de l'homme et des libertés fondamentales pour tous, sans distinctions de race, de sexe, de langue ou de religion ;

L'environnement fera néanmoins l'objet de plus de quatre-vingts accords et conventions dans les années suivantes, mais les activités militaires en sont absentes la plupart du temps, par exemple, dans le « Protocole de Montréal relatif à des substances qui appauvrissent la couche d'ozone », entré en vigueur le 1er janvier 1989, ou le Protocole de Kyoto de 1997, sans parler de l'Accord de Paris de la COP 21.

Fort heureusement, elles sont néanmoins limitées par plusieurs traités internationaux, soit de manière spécifique comme la Convention Enmod, soit en étant englobées dans le cadre d'objectifs plus larges, comme le Traité sur l'Antarctique.

Notre objectif dans ce chapitre n'est pas de proposer l'analyse détaillée et exhaustive de toutes ces conventions, mais de nous intéresser aux principales tentant de réglementer les activités relatives à l'utilisation de l'environnement comme arme de guerre. Il sera temps dans les chapitres suivants de découvrir l'usage qu'en font les militaires.

Le Protocole de Genève (1925)

Le contexte de l'époque, c'est la Société des Nations et l'après-Première Guerre mondiale, où les gaz toxiques sont utilisés pour la première fois à grande échelle, même si la chimie n'est pas encore une arme environnementale. Il est estimé qu'ils sont directement responsables d'au moins 90 000 morts et plus d'un million de blessés.

S'est pourtant tenue en 1899 à La Haye à l'initiative du tsar Nicolas II la première Conférence Internationale de la Paix, dont la déclaration finale prévoit :

> 2°. l'interdiction de l'emploi des projectiles qui ont pour but unique de répandre des gaz asphyxiants ou délétères ;

Malheureusement,

> l'acte final n'est qu'une déclaration officielle sur les résultats obtenus. Il fut signé par les délégués mais n'a pas été ratifié par les États participant. Il n'a pas force de loi.[4]

Cet article est même absent du texte de la seconde Conférence de la Paix, qui se tient à La Haye en 1907, où il est remplacé par une clause dont la portée est moindre :

> Article 23.
> Outre les prohibitions établies par des conventions spéciales, il est notamment interdit :
> a. d'employer du poison ou des armes empoisonnées ;

Les « gaz asphyxiants ou délétères » ayant disparu du traité, les armées peuvent continuer de s'en servir. Après la Première Guerre mondiale, les Anglais les utilisent en 1919 contre les révolutionnaires russes, puis vraisemblablement en Irak pour mater la rébellion. D'ailleurs, une minute du Cabinet de guerre datée du 12 mai 1919 cite Winston Churchill :

> Je suis fortement en faveur de l'utilisation de gaz empoisonné contre les tribus non civilisées.

Cela constituerait aujourd'hui un crime contre l'humanité.

---

4. Site internet du Comité International de la Croix-Rouge.

À leur tour, les Bolchéviques en font usage en 1920. Quatre ans plus tard, en 1923, voire dès 1921 selon certaines sources, les Espagnols n'hésitent pas à bombarder à partir d'avions les populations civiles de leur protectorat au Maroc avec des gaz toxiques, dont le gaz moutarde, afin d'écraser les Berbères lors de la troisième guerre du Rif (1921 à 1926).

Les Italiens ne sont pas en reste, avec l'usage du gaz moutarde en Libye en 1930 puis en Éthiopie en 1936, en totale contravention au « Protocole concernant la prohibition d'emploi à la guerre de gaz asphyxiants, toxiques ou similaires et de moyens bactériologiques », signé à Genève le 17 juin 1925, dont voici un extrait :

> Les Plénipotentiaires soussignés, au nom de leurs gouvernements respectifs :
>
> Considérant que l'emploi à la guerre de gaz asphyxiants, toxiques ou similaires, ainsi que de tous liquides, matières ou procédés analogues, a été à juste titre condamné par l'opinion générale du monde civilisé ;
>
> Considérant que l'interdiction de cet emploi a été formulée dans des traités auxquels sont Parties la plupart des Puissances du monde ;
>
> Dans le dessein de faire universellement reconnaître comme incorporée au droit international cette interdiction, qui s'impose également à la conscience et à la pratique des nations.
>
> Déclarent :
>
> Que les Hautes Parties contractantes, en tant qu'elles ne sont pas déjà parties à des traités prohibant cet emploi, reconnaissent cette interdiction, acceptent d'étendre cette interdiction d'emploi aux moyens de guerre bactériologiques et conviennent de se considérer comme liées entre elles aux termes de cette déclaration.

Notons que la notion de « guerre bactériologique » apparaît dès les années vingt. Entré en vigueur le 8 février 1928, ce Protocole est ratifié à ce jour par cent trente-sept pays. Pourtant, cela n'empêchera pas des signataires comme les États-Unis et le Royaume-Uni d'utiliser la chimie comme arme environnementale à partir de la seconde moitié du vingtième siècle, ainsi que nous le présenterons dans les chapitres suivants.

Le Traité sur l'Antarctique (1959)

Du 26 août 1946 à fin février 1947, les États-Unis lancent l'opération Highjump ou « The United States Navy Antarctic Developments Program », selon son nom officiel. Composée de quatre mille sept cents hommes, treize bateaux et trente-trois avions, elle a pour mission d'établir une base de recherche en Antarctique, dénommée « Little America IV » (la première, Little America I, fut créée en 1929 et abandonnée l'année suivante, les II et III ayant aussi été provisoires). En plus des objectifs scientifiques figure un important volet militaire, qui dépasse les tests d'armes et d'équipement dans les conditions extrêmes du continent. En effet, l'amiral Richard E. Byrd, en charge de l'opération Highjump, déclare en mars 1947, dans les semaines suivant la fermeture de la base, que le pays peut être attaqué par des avions passant par les pôles et donc que l'Antarctique constitue une question de sécurité nationale.

Il faut toutefois attendre une dizaine d'années et janvier 1956 pour que soit installée Little America V. Un mois plus tard, le 13 février 1956, les Soviétiques ouvrent Mirny, leur première station, suivie de Vostok en décembre 1957, plus à l'ouest et plus proche du pôle. Elle s'effectue pendant l'Année géophysique internationale (Agi) se déroulant du 1er juillet 1957 au 31 décembre 1958, un projet international portant sur les sciences de la Terre lors d'une période d'activité solaire maximum, impliquant plus d'une soixantaine de pays – la Chine refuse d'en faire partie à cause de la présence de Taïwan. Dans ce cadre de l'Agi, douze États établissent plus d'une cinquantaine de bases en Antarctique afin d'y effectuer les expériences les plus diverses.

Il apparaît alors nécessaire d'instituer un cadre réglementaire, et les États-Unis invitent ces pays, dont l'URSS, à participer à Washington

Chapitre 1 : Traités et conventions

à partir du 15 octobre 1959 à une conférence sur l'Antarctique. Le but est de parvenir à un accord prévoyant, entre autres, la démilitarisation du continent. Le Traité sur l'Antarctique est donc signé le 1er décembre 1959 et entre en vigueur le 23 juin 1961. Voici certaines de ses dispositions :

> Les Gouvernements de l'Argentine, de l'Australie, de la Belgique, du Chili, de la République française, du Japon, de la Nouvelle-Zélande, de la Norvège, de l'Union Sud-Africaine, de l'Union des Républiques Socialistes Soviétiques, du Royaume-Uni de Grande-Bretagne et d'Irlande du Nord, et des États-Unis d'Amérique,
>
> Reconnaissant qu'il est de l'intérêt de l'humanité tout entière que l'Antarctique soit à jamais réservée aux seules activités pacifiques et ne devienne ni le théâtre ni l'enjeu de différends internationaux ;
>
> Appréciant l'ampleur des progrès réalisés par la science grâce à la coopération internationale en matière de recherche scientifique dans l'Antarctique ;
>
> Persuadés qu'il est conforme aux intérêts de la science et au progrès de l'humanité d'établir une construction solide permettant de poursuivre et de développer cette coopération en la fondant sur la liberté de la recherche scientifique dans l'Antarctique telle qu'elle a été pratiquée pendant l'Année Géophysique Internationale ;
>
> Persuadés qu'un Traité réservant l'Antarctique aux seules activités pacifiques et maintenant dans cette région l'harmonie internationale, servira les intentions et les principes de la Charte des Nations Unies ;
>
> Sont convenus de ce qui suit :
>
> Article I
> 1. Seules les activités pacifiques sont autorisées dans l'Antarctique. Sont interdites, entre autres, toutes mesures de caractère militaire telles que l'établissement de bases, la construction de

fortifications, les manœuvres, ainsi que les essais d'armes de toutes sortes.

2. Le présent Traité ne s'oppose pas à l'emploi de personnel ou de matériel militaires pour la recherche scientifique ou pour toute autre fin pacifique. [...]

Article V

1. Toute explosion nucléaire dans l'Antarctique est interdite, ainsi que l'élimination dans cette région de déchets radioactifs.

Pour les trente ans de son entrée en vigueur, ce texte est renforcé par le « Protocole au Traité sur l'Antarctique, relatif à la protection de l'environnement », signé à Madrid le 4 octobre 1991. Pour ses cinquante ans, il fait l'objet d'une nouvelle déclaration réaffirmant l'engagement des États parties, au nombre de cinquante aujourd'hui.

En tant que premier accord de désarmement de l'après-Seconde Guerre mondiale et dans le contexte de la guerre froide, le Traité sur l'Antarctique porte, symboliquement, sur une thématique liée à l'environnement. On peut parler de réussite, car il semble avoir été globalement respecté. Il servira d'ailleurs de modèle pour d'autres accords internationaux.

Le Traité d'interdiction partielle des essais nucléaires (1963)
À l'aube du 16 juillet 1945 dans le désert au Nouveau-Mexique, les États-Unis procèdent à la première explosion nucléaire officielle de l'histoire. Selon une organisation internationale, le Comprehensive Nuclear-Test-Ban Treaty Organization (CTBTO),[5] plus de deux mille tests sont effectués jusqu'en 1996, dont le nombre se répartit ainsi :
– États-Unis : 1 032 tests de 1945 à 1992 ;
– Union soviétique : 715 tests de 1949 à 1990 ;
– France : 210 tests entre 1960 et 1996 ;
– Royaume-Uni : 45 tests entre 1952 et 1991 ;
– Chine : 45 tests entre 1964 et 1996.

---

5. http://www.ctbto.org/nuclear-testing/history-of-nuclear-testing/world-overview/page-1-world-overview/

Il faut y ajouter les tests conduits après 1996 :
- Inde : 2 en 1998 ;
- Pakistan : 2 en 1998 ;
- Corée du Nord : 1 en 2006, 1 en 2009 et 1 en 2013.

En 1954, le Premier ministre indien Jawaharlal Nehru exprime sa préoccupation face à cette situation et propose que tous les tests d'explosions nucléaires soient interdits dans le monde entier.

Dans le contexte de la guerre froide, il faut neuf ans pour aboutir à un accord. Est donc signé à Moscou le 5 août 1963 par le Royaume-Uni, l'Union soviétique et les États-Unis, avant d'entrer en vigueur le 10 octobre 1963, le « Traité interdisant les essais d'armes nucléaires dans l'atmosphère, dans l'espace extra-atmosphérique et sous l'eau ».

Ainsi que le titre l'exprime, les explosions souterraines ne sont pas interdites, sauf si elles provoquent des effets radioactifs en dehors des limites territoriales de l'État qui les déclenche. Nous le constaterons par la suite, cette exception eut de graves répercussions, car elle permit l'utilisation de l'arme environnementale.

Ce traité compte aujourd'hui cent trente-cinq États parties, dont les États-Unis, la Russie, le Royaume-Uni, l'Allemagne, l'Inde, le Pakistan, mais aussi Israël et l'Iran. Seules puissances nucléaires à ne pas l'avoir signé, la Chine et la France, qui ont néanmoins accepté depuis 1980 d'en respecter les dispositions, mais aussi la Corée du Nord, qui ne s'est engagée à rien en la matière et a donc décidé de continuer ses essais nucléaires, ainsi qu'en témoigne l'actualité des dernières années.

Le Traité d'interdiction complète des essais nucléaires (1996)
Il vient prolonger le précédent traité avec pour objectif de bannir définitivement tout test nucléaire :

Article Premier – Obligations fondamentales

1. Chaque État partie s'engage à ne pas effectuer d'explosion expérimentale d'arme nucléaire ou d'autre explosion nucléaire

et à interdire et empêcher toute explosion de cette nature en tout lieu placé sous sa juridiction ou son contrôle.

2. Chaque État partie s'engage en outre à s'abstenir de provoquer ou d'encourager l'exécution – ou de participer de quelque manière que ce soit à l'exécution – de toute explosion expérimentale d'arme nucléaire ou de toute autre explosion nucléaire.

Le texte est sans ambiguïté, mais l'« Article XIV – Entrée en vigueur » vient en compliquer l'existence :

1. Le présent Traité entre en vigueur le cent quatre-vingtième jour qui suit la date de dépôt des instruments de ratification de **tous les États**[6] indiqués à l'Annexe 2 du Traité, mais en aucun cas avant l'expiration d'un délai de deux ans à compter de la date de son ouverture à la signature.

Dans cette Annexe 2 figure la liste de quarante-quatre États qui doivent obligatoirement le signer ou le ratifier pour qu'il entre en vigueur, sinon il deviendra caduc.

Or, huit de ces États ne l'ont toujours pas ratifié : la Chine, la Corée du Nord, l'Égypte, les États-Unis, l'Inde, l'Iran, Israël et le Pakistan. Ce traité ne peut donc entrer en vigueur, ce qui signifie qu'il est toujours possible, légalement, de procéder à des tests nucléaires souterrains.

Les prémices dans l'espace

En 1957, les États-Unis soumettent l'idée d'un désarmement partiel de l'espace, rejeté par l'Union soviétique, qui s'apprête à lancer son satellite Spoutnik le 4 octobre de la même année. Ils émettent ensuite d'autres propositions allant jusqu'à l'interdiction d'utiliser l'espace à des fins militaires[7].

En 1959, l'Assemblée générale des Nations Unies crée par la résolution 1472 « le Comité des Nations Unies pour l'utilisation pacifique de l'espace extra-atmosphérique » (Copuos). Ses missions couvrent notamment les aspects scientifiques et juridiques liés à l'espace.

---

6. Souligné par nous.
7. http://www.state.gov/t/isn/5181.htm

Chapitre 1 : Traités et conventions

Quelques mois plus tard, le 22 septembre 1960, le président Eisenhower propose devant l'Assemblée générale des Nations Unies que les principes du Traité sur l'Antarctique soient appliqués à l'espace et aux corps célestes.

Trois ans plus tard, le 19 septembre 1963, le ministre soviétique des Affaires étrangères, Andreï Gromyko, déclare devant la même Assemblée que l'URSS souhaite conclure un accord interdisant la mise en orbite d'objets transportant des armes nucléaires. L'ambassadeur Stevenson confirme alors que les États-Unis n'ont pas l'intention de mettre en orbite des armes de destruction massive, que ce soit dans l'espace ou sur des corps célestes.

Le 17 octobre, l'Assemblée générale adopte à l'unanimité une résolution bannissant les armes de destruction massive dans l'espace.

Plusieurs traités voient ensuite le jour sous l'égide du Copuos, dont deux en particulier nous concernent dans le cadre de la présente étude :

- « le Traité de l'espace », de son nom complet « Traité sur les principes régissant les activités des États en matière d'exploration et d'utilisation de l'espace extra-atmosphérique, y compris la Lune et les autres corps célestes » ;
- « l'Accord régissant les activités des États sur la Lune et les autres corps célestes ».

Le Traité de l'espace (1967)

Le 16 juin 1966, les États-Unis et l'Union soviétique soumettent deux projets de texte. Ils présentent plusieurs différences, la principale étant que la proposition états-unienne ne porte que sur les corps célestes, tandis que les Russes incluent tout l'espace.

Les Américains acceptent et l'essentiel de l'accord est prêt en septembre, avant d'être définitivement validé par les Parties à la session de décembre de l'Assemblée générale des Nations Unies.

C'est ainsi qu'est adopté le 19 décembre 1966 le « Traité sur les principes régissant les activités des États en matière d'exploration et d'utilisation de l'espace extra-atmosphérique, y compris la Lune et les autres corps célestes », dit « Traité de l'espace ».

Il entre en vigueur le 10 octobre 1967, après que les États-Unis, le Royaume-Uni et l'Union soviétique, les trois pays qui l'ont promu l'aient signé le 27 janvier 1967. Ils seront rejoints ensuite par la plupart des membres de l'ONU, dont le Japon (1967), l'Inde (1982) et la République populaire de Chine (1983), trois pays qui développent des programmes spatiaux lunaires.

L'objet du Traité de l'espace dépasse le seul cadre militaire, ainsi que l'exprime le Préambule :

> Reconnaissant l'intérêt que présente pour l'humanité tout entière le progrès de l'exploration et de l'utilisation de l'espace extra-atmosphérique à des fins pacifiques,
>
> Estimant que l'exploration et l'utilisation de l'espace extra-atmosphérique devraient s'effectuer pour le bien de tous les peuples, quel que soit le stade de leur développement économique ou scientifique, […].

Viennent ensuite plusieurs articles traitant de paix et de sécurité internationale, mais c'est l'article IV qui fait expressément référence aux activités militaires :

> Les États parties au Traité s'engagent à ne mettre sur orbite autour de la Terre aucun objet porteur d'armes nucléaires ou de tout autre type d'armes de destruction massive, à ne pas installer de telles armes sur des corps célestes et à ne pas placer de telles armes, de toute autre manière, dans l'espace extra-atmosphérique.
>
> Tous les États parties au Traité utiliseront la Lune et les autres corps célestes exclusivement à des fins pacifiques. Sont interdits sur les corps célestes l'aménagement de bases et installations militaires et de fortifications, les essais d'armes de tous types et l'exécution de manœuvres militaires. N'est pas interdite l'utilisation de personnel militaire à des fins de recherche scientifique ou à toute autre fin pacifique. N'est pas interdite

non plus l'utilisation de tout équipement ou installation nécessaire à l'exploration pacifique de la Lune et des autres corps célestes.

Ce texte est fort, mais ne sont pas exclus tous les types d'armes, puisqu'il est spécifié les « armes nucléaires ou de tout autre type d'armes de destruction massive ». Même si cette notion d'« armes de destruction massive » est désormais connue, notamment depuis l'invasion de l'Irak en 2003 par les États-Unis, il est intéressant d'en mesurer la portée. Au sein des Nations Unies, c'est le Bureau des affaires du désarmement qui est principalement en charge de ces questions. Voici comment il les définit[8] :

> Les armes de destruction massive sont des armes conçues pour tuer une grande quantité de personnes, en visant aussi bien les civils que les militaires. Ces armes ne sont en général pas utilisées sur un objectif très précis, mais plutôt sur une zone étendue d'un rayon dépassant le kilomètre, avec des effets dévastateurs sur les personnes, l'infrastructure et l'environnement.
>
> De par leur action non sélective, « massive », et leurs effets de longue durée, ces armes constituent un risque d'extermination des populations, y compris chez l'attaquant en cas de représailles par armes de destruction massive si le pays cible en dispose également. Elles sont donc très liées au concept de dissuasion, et constitue le degré ultime de l'armement, avec des implications lourdes en politique étrangère.

Le site du Bureau mentionne ensuite les catégories de ces types d'armes, à savoir les armes NBC, N pour « nucléaires », B pour « biologiques » et C pour « chimiques ». Avec le développement du terrorisme a été ajoutée une quatrième lettre et l'on utilise désormais le sigle NRBC, R pour « radiologiques », c'est-à-dire les produits radioactifs.

En conséquence de la façon dont a été rédigé l'article du traité, il est concevable d'utiliser dans l'espace d'autres types d'armes

---

8. http://www.un.org/disarmament/wmd/

n'entrant pas dans la catégorie des armes de destruction massive, par exemple les lasers, au moins en orbite, puisque doivent être réservés « la Lune et les autres corps célestes exclusivement à des fins **pacifiques** ».[9] Or, le texte n'interdit pas non plus d'installer un laser sur la Lune pour de l'expérimentation civile, par exemple au motif très efficace en toutes circonstances de lutter contre... le réchauffement climatique. Ensuite, la limite entre ce qui est civil et militaire s'avère souvent ténue, d'autant plus sur la Lune : qui pourra vérifier ce qui a été commis, déjà que, sur la Terre, il est quasiment impossible de prouver les causes éventuellement artificielles d'une catastrophe climatique ou environnementale ?

Le Traité sur la Lune (1979)

Le précédent traité est complété une douzaine d'années plus tard par un « Accord régissant les activités des États sur la Lune et les autres corps célestes ». Il est signé le 5 décembre 1979 et entre en vigueur le 11 juillet 1984.

D'une durée illimitée, voici son principal article :

> Le Traité sur la Lune stipule que la Lune ne peut être utilisée qu'à des fins pacifiques. Il interdit tout recours à la menace ou à l'emploi de la force ou à tout autre acte d'hostilité sur la Lune. Il interdit aussi aux États parties de mettre sur orbite autour de la Lune des armes de destruction massive ou de placer de telles armes sur la Lune.
>
> Les dispositions de vérification du Traité permettent aux États parties d'inspecter tous les véhicules, les stations, les installations et les équipements spatiaux qui se trouvent sur la Lune.

Ce texte a le mérite d'être sans ambiguïté et serait parfait s'il avait été... ratifié. En effet, à ce jour seuls les seize pays suivants sont considérés comme « États parties », c'est-à-dire ayant mis en œuvre l'accord : l'Australie, l'Autriche, la Belgique, le Chili, le Kazakhstan, le Koweït, le Liban, le Mexique, le Maroc, les Pays-Bas, le Pakistan, le Pérou, les Philippines, l'Arabie saoudite, la Turquie et l'Uruguay.

---
9. Souligné par nous.

La France, le Guatemala, l'Inde et la Roumanie l'ont signé, mais ne l'ont pas ratifié.

Il n'aura pas échappé aux lecteurs que les pays ayant des ambitions lunaires en sont absents, dont les États-Unis, la Russie, la Chine, le Japon, mais aussi l'Inde et la plupart des membres de l'Agence spatiale européenne, ce qui vide de sa force cet accord international.

C'est donc le seul Traité sur l'espace de 1967 qui régit l'utilisation de la Lune et des autres corps célestes à des fins militaires ; en résumé, elle y est donc autorisée (dans certaines limites).

La Conférence des Nations Unies sur l'environnement (1972)

Du 5 au 16 juin 1972 se tient à Stockholm la Conférence des Nations Unies sur l'environnement, dont le but est d'examiner « la nécessité d'adopter une conception commune et des principes communs qui inspireront et guideront les efforts des peuples du monde en vue de préserver et d'améliorer l'environnement ».

Cette conférence, à laquelle participent plus de cent pays, est considérée comme le premier Sommet de la Terre et donnera naissance, entre autres, au PNUE (Programme des Nations Unies pour l'environnement).

La lecture de la déclaration finale témoigne que tous les problèmes actuels de protection de l'environnement, de développement, de préservation des ressources naturelles, de pollution... sont déjà annoncés il y a plus de quarante ans. Bien que « la Conférence demande aux gouvernements et aux peuples d'unir leurs efforts pour préserver et améliorer l'environnement, dans l'intérêt des peuples et des générations futures » (point 7 du Préambule), on ne peut que déplorer l'absence d'action qui a conduit à l'état de la planète aujourd'hui.

En ce qui concerne la question militaire, elle est abordée par le seul Principe 26, le dernier de la déclaration finale :

> Il faut épargner à l'homme et à son environnement les effets des armes nucléaires et de tous autres moyens de destruction

massive. Les États doivent s'efforcer, au sein des organes internationaux appropriés, d'arriver, dans les meilleurs délais, à un accord sur l'élimination et la destruction complète de telles armes.

Cette déclaration d'intention est d'autant plus débile – au sens de « faible » – qu'au même moment le Vietnam est ravagé depuis dix ans par la tristement célèbre opération Ranch Hand, qui consiste à détruire les forêts et les récoltes à coups d'épandages de l'agent orange et autres produits chimiques hautement toxiques – sans parler du napalm et d'autres techniques d'utilisation de l'arme environnementale présentées au Chapitre 3.

La Conférence de Stockholm de 1972 dispose donc d'éléments d'appréciation lui permettant de dépasser l'Article 26 et de prendre une position autrement plus contraignante sur la protection de l'environnement.

Cela aurait toutefois signifié la mise en cause des États-Unis avec leurs exactions répétées contre Mère Nature, ce qu'ils n'auraient pas accepté. Il était donc politiquement impossible d'aller au-delà de la rédaction de cet article, sinon cette initiative des Nations Unies aurait, de toute évidence, été tuée dans l'œuf. Cela dit, « tuée dans l'œuf » ou vide de sens ne semble pas constituer une grande différence.

Quoi qu'il en soit, ce n'est pas la Déclaration de la Conférence de Stockholm qui bannira ou même limitera la militarisation de l'environnement.

La Convention Enmod (1976)

C'est LA convention supposée interdire l'utilisation de l'arme environnementale ! Commençons par un bref rappel historique.[10] En 1973, le Sénat des États-Unis adopte une résolution appelant à un accord international « interdisant l'utilisation de toute activité de

---

10. L'analyse de la Convention Enmod est plus complète et détaillée dans *L'Arme climatique – La manipulation du climat par les militaires*, Talma Studios.

modification environnementale ou géophysique en tant qu'arme de guerre ».

Un an plus tard, lors du sommet de juillet 1974, Richard Nixon et Leonid Brejnev conviennent de tenir des discussions bilatérales afin de trouver « les mesures les plus efficaces possibles afin de surmonter les dangers générés par l'utilisation de techniques de modification de l'environnement à des fins militaires ».

Trois phases de négociation en 1974 et 1975 conduisent à un projet de texte commun, présenté conjointement par les États-Unis et l'URSS à la Conférence du désarmement des Nations Unies du 21 août 1975.

Il faudra encore un peu plus d'un an de négociation pour aboutir à l'adoption par l'Assemblée générale de l'ONU, le 10 décembre 1976, de « la Convention sur l'interdiction d'utiliser des techniques de modification de l'environnement à des fins militaires ou toutes autres fins hostiles », dite « Convention Enmod ».

Les motivations des Nations Unies exprimées dans le préambule sont parfaitement claires :

> [...] Reconnaissant que les progrès de la science et de la technique peuvent ouvrir de nouvelles possibilités en ce qui concerne la modification de l'environnement, [...]
>
> Conscients du fait que l'utilisation des techniques de modification de l'environnement à des fins pacifiques pourrait améliorer les relations entre l'homme et la nature et contribuer à protéger et à améliorer l'environnement pour le bien des générations actuelles et à venir,
>
> Reconnaissant, toutefois, que l'utilisation de ces techniques à des fins militaires ou toutes autres fins hostiles pourrait avoir des effets extrêmement préjudiciables au bien-être de l'homme,
>
> Désireux d'interdire efficacement l'utilisation des techniques de modification de l'environnement à des fins militaires ou toutes autres fins hostiles, afin d'éliminer les dangers que cette utilisation présente pour l'humanité, et affirmant leur volonté d'œuvrer à la réalisation de cet objectif, [...] Sont convenus ce qui suit :

Suivent dix articles, dont le premier stipule :

> Chaque État partie à la présente Convention s'engage à ne pas utiliser à des fins militaires ou toutes autres fins hostiles des techniques de modification de l'environnement ayant des effets étendus, durables ou graves, en tant que moyens de causer des destructions, des dommages ou des préjudices à tout autre État partie.

Comme cet article n'est pas suffisamment précis, il lui est ajouté un « Accord interprétatif » :

> a) Il faut entendre par « étendus » les effets qui s'étendent à une superficie de plusieurs centaines de kilomètres carrés ;
>
> b) « Durables » s'entend d'une période de plusieurs mois, ou environ une saison ;
>
> c) « Graves » signifie qui provoque une perturbation ou un dommage sérieux ou marqué pour la vie humaine, les ressources naturelles et économiques ou d'autres richesses.

À l'analyse, la Convention Enmod se révèle finalement faible, principalement à cause de ces trois adjectifs, qui restent vagues donc sujets à interprétation. Ainsi, l'opération Popeye, que nous avons présentée dans *L'Arme climatique*, conduite par l'armée américaine pendant la guerre du Vietnam et consistant à déclencher de la pluie avec des moyens chimiques pour embourber les troupes ennemies, ne serait probablement pas considérée comme illégale au regard de l'Article I. Pourtant, c'est l'une des plus importantes utilisations de l'arme environnementale de l'histoire reconnue officiellement à ce jour.

En revanche, si le texte s'arrêtait après « modification de l'environnement », cela donnerait une tout autre puissance à ce traité :

> Chaque État partie à la présente Convention s'engage à ne pas utiliser à des fins militaires ou toutes autres fins hostiles des techniques de modification de l'environnement.

Une faiblesse supplémentaire de la Convention Enmod est qu'elle n'interdit pas les recherches, ni même l'utilisation en temps de paix

Chapitre 1 : Traités et conventions

ou à des fins civiles, ce qui sera lourd de conséquences, comme nous le constaterons dans les chapitres suivants.

Signalons également l'Article II de la Convention Enmod, intéressant dans le cadre de notre étude :

> Aux fins de l'article premier, l'expression « techniques de modification de l'environnement » désigne toute technique ayant pour objet de modifier – grâce à une manipulation délibérée de processus naturels – la dynamique, la composition ou la structure de la Terre, y compris ses biotes, sa lithosphère, son hydrosphère et son atmosphère, ou l'espace extra-atmosphérique.

Lui aussi a fait l'objet d'un « Accord interprétatif », dont voici l'essentiel :

> Le Comité est convenu que les exemples donnés ci-après sont des exemples de phénomènes qui pourraient être provoqués par l'utilisation des techniques de modification de l'environnement telles qu'elles sont définies à l'article II de la Convention : tremblements de terre ; tsunamis ; bouleversement de l'équilibre écologique d'une région ; modifications des conditions atmosphériques (nuages, précipitations, cyclones de différents types et tornades) ; modifications des conditions climatiques, des courants océaniques, de l'état de la couche d'ozone ou de l'ionosphère.
>
> Il est entendu aussi que tous les phénomènes énumérés ci-dessus, lorsqu'ils sont provoqués par l'utilisation de techniques de modification de l'environnement à des fins militaires ou toutes autres fins hostiles, auraient ou pourraient raisonnablement être tenus pour susceptibles d'avoir pour résultat probable des dommages, des destructions ou des préjudices étendus, durables ou graves. Serait donc interdite l'utilisation à des fins militaires ou toutes autres fins hostiles des techniques de modification de l'environnement telles qu'elles sont définies à l'article II, de manière à provoquer ces phénomènes en tant que moyens de causer des dommages, des destructions ou des préjudices à un autre État partie.

Cela confirme l'existence, dès les années soixante-dix, au moins à l'état de potentialité ou de recherche, de techniques élargies de modification de l'environnement. Le texte de la résolution préparée initialement par l'Union soviétique listait d'autres catastrophes climatiques artificielles pouvant être utilisées comme armes de guerre, mais elles n'ont pas été reprises dans l'accord interprétatif. Ce qui n'est pas interdit étant autorisé, voici les principales : « création de champs électromagnétiques et acoustiques permanents au-dessus des océans » ; « action directe ou indirecte pour influencer les processus électriques dans l'atmosphère » ; « modification de l'état naturel des rivières, lacs, marais et autres éléments aqueux » ; « causer l'érosion » ; « brûler la végétation et autres actions conduisant au bouleversement écologique du royaume végétal et animal »...

À ce jour, soixante-dix-huit pays ont ratifié la Convention Enmod, seize l'ont signée mais n'ont pas achevé le processus d'adhésion ; la France et Israël ne l'ont ni signée ni ratifiée. Pour quelles raisons ? Mystère.

Le Protocole additionnel aux Conventions de Genève (1977)
À peu près au même moment où la Convention Enmod est proposée aux États, est signé le 8 juin 1977 le « Protocole additionnel aux Conventions de Genève du 12 août 1949 relatif à la protection des victimes des conflits armés internationaux (Protocole I) ».

Dans le Titre III – Section I – Méthodes et moyens de guerre, voici ce que stipule l'Article 35 – Règles fondamentales :

> 1. Dans tout conflit armé, le droit des Parties au conflit de choisir des méthodes ou moyens de guerre n'est pas illimité.
>
> 2. Il est interdit d'employer des armes, des projectiles et des matières ainsi que des méthodes de guerre de nature à causer des maux superflus.
>
> 3. Il est interdit d'utiliser des méthodes ou moyens de guerre qui sont conçus pour causer, ou dont on peut attendre qu'ils causeront des dommages étendus, durables et graves à l'environnement naturel.

Les deux premiers alinéas restent encore bien vagues, en tout cas sujets à toutes les interprétations, tout comme l'alinéa 3, où nous retrouvons les trois mêmes mots (baptisés parfois « la troïka ») que dans l'accord interprétatif d'Enmod.

Pourtant, il y a une différence significative, celle entre « et » et « ou » : dans Enmod, l'une des trois conditions est suffisante pour que la convention s'applique, tandis que dans cet Article 35, elles sont cumulatives, à cause de l'absence de « ou », ce qui se traduit donc par « et ». Cela signifie qu'une méthode de guerre qui causerait à l'environnement des dommages étendus et graves mais pas durables, ne tomberait pas sous le coup de ce protocole additionnel aux Conventions de Genève. Il s'avère donc encore moins contraignant qu'Enmod. Comment les rédacteurs ont-ils pu ne pas s'en rendre compte ?

L'autre article de ce Protocole additionnel au sujet de l'environnement présente le même schéma :

> Article 55 - Protection de l'environnement naturel
>
> 1. La guerre sera conduite en veillant à protéger l'environnement naturel contre des dommages étendus, durables et graves. Cette protection inclut l'interdiction d'utiliser des méthodes ou moyens de guerre conçus pour causer ou dont on peut attendre qu'ils causent de tels dommages à l'environnement naturel, compromettant, de ce fait, la santé ou la survie de la population.
>
> 2. Les attaques contre l'environnement naturel à titre de représailles sont interdites.

Un État n'ayant pas ratifié Enmod devrait néanmoins respecter les Conventions de Genève et le Protocole additionnel, mais le moins que l'on puisse dire à la lecture de ces articles est qu'il peut utiliser l'arme environnementale à peu près comme le veut son état-major en fonction des techniques disponibles dans son arsenal.

La Déclaration de Rio sur l'Environnement et le Développement (12 août 1992)

Du 3 au 4 juin 1992 se tient à Rio une conférence sans précédent : selon les chiffres de l'ONU, à cet événement appelé « Sommet de la Terre » ou « Sommet de Rio » sont comptabilisés plus de 30 000 participants, dont environ 10 000 journalistes, 2 400 représentants d'ONG, etc. Rio est, effectivement, une ville très agréable.

Cette conférence internationale affirme en préambule de sa déclaration finale que son but est « d'établir un partenariat mondial sur une base nouvelle et équitable en créant des niveaux de coopération nouveaux entre les États, les secteurs clefs de la société et les peuples ». Intention louable. Sont adoptés vingt-sept principes sur l'environnement et le développement durable. Trois concernent les activités militaires :

> Principe 24
>
> La guerre exerce une action intrinsèquement destructrice sur le développement durable. Les États doivent donc respecter le droit international relatif à la protection de l'environnement en temps de conflit armé et participer à son développement, selon que de besoin.
>
> Principe 25
>
> La paix, le développement et la protection de l'environnement sont interdépendants et indissociables.
>
> Principe 26
>
> Les États doivent résoudre pacifiquement tous leurs différends en matière d'environnement, en employant des moyens appropriés conformément à la Charte des Nations Unies.

Il est sûr qu'avec de tels textes, l'environnement doit se sentir protégé ! Comment imaginer que des formulations aussi vagues puissent représenter quelque contrainte que ce soit vis-à-vis des militaires ?

Quant au Protocole de Kyoto, adopté le 11 décembre 1997, il est inutile de chercher, la question militaire n'y est pas même abordée,

Chapitre 1 : Traités et conventions

ni le mot utilisé une seule fois. Ce sera pareil pour l'Accord de Copenhague du 18 décembre 2009 (COP 15), la déclaration de Cancun l'année suivante (COP 16), jusqu'à l'Accord de Paris de la COP 21.

Est-ce parce que les délégués considèrent que l'arme environnementale n'existe plus, grâce à la Convention Enmod, ou, plus simplement, que les activités militaires ne provoquent aucune dégradation de l'environnement ni ne contribuent au changement climatique ? Pourtant, le seul département de la Défense des États-Unis, avec plus de 300 000 barils de pétrole brûlés chaque jour, en consomme plus que des États comme la Suède, la Norvège ou le Portugal.

Cela dit, il est clair aussi que si les activités militaires étaient incluses dans ces accords, ils ne seraient jamais ratifiés. Déjà qu'ils ne le sont pas toujours...

La Journée internationale pour la prévention de l'exploitation de l'environnement en temps de guerre et de conflit armé

Le 5 novembre 2001, l'Assemblée générale des Nations Unies décide que le 6 novembre sera désormais célébrée la « Journée internationale pour la prévention de l'exploitation de l'environnement en temps de guerre et de conflit armé » (A/RES/56/4).

Ce n'est ni une convention ni un traité, mais nous l'incluons dans ce chapitre en guise de pré-conclusion. En effet, qui a déjà entendu parler de cette Journée ?

D'ailleurs, pourquoi fut choisie la date du 6 novembre ? Parce que, exactement dix ans plus tôt, soit le 6 novembre 1991, fut éteint le dernier puits de pétrole en feu du Koweït, à l'issue de la guerre du Golfe. Il avait alors été répété dans tous les médias occidentaux que l'armée irakienne en déroute y avait incendié les puits avant de s'enfuir. En fait, les enquêtes montrèrent par la suite que c'étaient les bombardements de l'aviation alliée qui en furent responsables pour la quasi-totalité d'entre eux.

En **conclusion** de ce chapitre, à part l'Antarctique où la militarisation est définitivement impossible – quoique… –, l'arme environnementale est utilisable à peu près partout et dans presque n'importe quelles conditions, y compris à partir de la Lune. Et comme la recherche n'est pas interdite, pourquoi s'en priver ?

Il est donc temps maintenant de découvrir ce que les militaires font de ces contraintes que ne leur imposent pas tous ces beaux traités internationaux à peu près vides de sens puisque cette partie fondamentale qui permet de manipuler l'environnement et contribue à l'état réel de la planète est systématiquement occultée.

Chapitre 2

L'Océan

À partir de ce chapitre, nous commençons à présenter les programmes développés par les militaires, en tout cas ceux sur lesquels est disponible un minimum d'information. L'utilisation qui en a été faite est évidemment un point délicat puisque peu d'États se vanteront d'avoir utilisé l'arme environnementale, qu'ils aient signé ou non la convention Enmod.

C'est d'ailleurs l'un des atouts majeurs de ce type d'armes : elles peuvent provoquer des dégâts incommensurables sans qu'il soit possible de prouver leur usage. Comment démontrer en effet que tel ouragan ou tel séisme a été déclenché ou amplifié artificiellement ?

Nous allons donc commencer par montrer que les recherches militaires en matière d'arme environnementale sont très anciennes : elles ont débuté il y a plusieurs décennies, et même depuis un siècle dans le cadre de l'arme climatique. Le Dr Irving Krick, le météorologue dont les prévisions fixent le jour du débarquement en Normandie en juin 1945, le confirme en 1980 lors d'une interview :

> En 1959, j'ai donné un séminaire à l'Otan sur les possibilités d'arme géophysique et nous aurions été capables de toucher de façon assez substantielle des zones en Ukraine et des parties de la Russie. Mais rien n'en est jamais sorti.[11]

Est-ce si sûr ? C'est ce que nous allons étudier.

---

11. *Sarasota Herald Tribune*, 29 février 1980.

L'Arme environnementale

I. Les courants océaniques

La modification des courants océaniques est citée dans les Accords interprétatifs de la Convention Enmod comme arme de guerre potentielle. Des applications ont-elles été développées dans ce domaine ?

Une idée vieille de plus de deux siècles
Découverts par l'Occident au XVIe siècle, des dizaines de courants marins ont été recensés depuis sur l'ensemble de la planète. De surface ou en profondeur, chauds ou froids, ils contribuent parfois fortement au climat des régions qu'ils longent. Ainsi, le Gulf Stream, qui se forme entre la Floride et les Bahamas puis se dilue au niveau du Groenland, est réputé réchauffer les côtes européennes, dont l'hiver est plus doux que celui de l'est des côtes américaines.

Benjamin Franklin en fait réaliser l'étude approfondie et la cartographie détaillée en 1770. Alors maître des Postes de sa gracieuse Majesté, il envisage d'en profiter pour accélérer le transport du courrier entre les colonies et l'Angleterre.

Cinq ans plus tard, en 1775, commence la guerre d'Indépendance. Il explique alors que dérouter le Gulf Stream refroidirait l'Atlantique Nord, ce qui génèrerait des conséquences dramatiques sur le climat britannique, donc son économie. L'hypothèse est militairement séduisante mais techniquement irréalisable à l'époque.

L'idée de contrôler les courants océaniques fait son chemin et, le 29 septembre 1912, le *New York Times* chronique un livre publié sous le titre *Power And Control of the Gulf Stream*[12] par un ingénieur du nom de Caroll Livingston Riker. Il est alors connu aux États-Unis pour avoir construit le premier entrepôt réfrigéré au monde, installé le premier système de froid sur un bateau transatlantique et développé

---
12. Caroll Livingston Riker, *Power And Control of the Gulf Stream*, Baker & Taylor, 1912.

différentes technologies comme des torpilles utilisées pendant la guerre contre l'Espagne (1898), des pompes pour remplir le Potomac à Washington, etc.

Il expose dans son livre les avantages qu'il y aurait à réchauffer le courant froid du Labrador, qui sévit au nord. Le problème est qu'il faudrait « brûler plus d'un million de tonnes de charbon par minute pour porter de 35° F à 55° F cette masse d'eau gelée ».

Cette solution est évidemment impossible, alors il propose de construire une jetée d'environ dix mètres de haut sur un peu plus de trois cents kilomètres de long dans la zone de Terre-Neuve pour que le Gulf Stream se jette directement dans l'océan Arctique. Cela réchaufferait le climat, ferait fondre la glace et procurerait un grand nombre d'avantages – entre autres, l'empêchement de nouvelles catastrophes comme le Titanic (il a coulé moins de six mois plus tôt). De plus, selon ses calculs, la fonte de la glace au pôle Nord allégerait la Terre de ce côté, ce qui la déplacerait un peu par rapport à son axe actuel et rendraient hospitalières des régions qui ne le sont pas.

Cela rappelle le roman de Jules Verne *Sans dessus dessous* paru en 1889, dans lequel l'auteur imagine de faire basculer la Terre sur son axe pour rapprocher le pôle du Soleil, afin de faire fondre la glace et pouvoir exploiter le charbon enfoui dans les blanches profondeurs.

Caroll Livingston Riker va même jusqu'à chiffrer l'investissement que représente le projet : autour de 190 millions de dollars, soit « beaucoup moins que les intérêts sur le coût du canal de Panama avant son achèvement ».

L'idée rencontre beaucoup de succès et de soutien, y compris de la part d'autorités comme le port de New York. Des sociétés d'investissement proposent de lever des fonds pour assurer le financement.

Il est question, dans un premier temps, de réaliser seulement une étude pour la somme de 100 000 $. Sollicité, le Congrès refuse et le projet n'ira pas plus loin. Il en aurait peut-être été autrement s'il avait eu des implications militaires.

Réchauffer la Sibérie

L'URSS aussi a envisagé tout au long du XXᵉ siècle des projets pharaoniques de ce genre pour sa façade maritime nord et la Sibérie. Il a, par exemple, été question de détourner vers la mer d'Aral et la Caspienne des rivières se jetant dans l'océan Arctique, principalement l'Ob, le Yenisei et la Pechora. La conséquence attendue aurait été la disparition de la glace, au moins en été, car il y aurait eu moins d'eau douce disponible, qui gèle plus rapidement que l'eau salée, donc de moins en moins de glace. Cela aurait provoqué le réchauffement de la région, avec des répercussions sur le climat de tout l'hémisphère Nord.

Aucun de ces projets n'a été mis en œuvre. Finalement, la modification des courants océaniques semble ne pas avoir été une arme environnementale développée par un camp ou l'autre, à l'exception d'un seul, El Niño.

II. El Niño

Désignant à l'origine un courant saisonnier chaud au large des côtes du Pérou et de l'Équateur, El Niño décrit désormais l'anomalie climatique spécifique qu'il génère par suite des températures de l'eau anormalement élevées. Il se produit à intervalles irréguliers, parfois espacés jusqu'à sept ans.

Bien qu'il s'agisse d'un phénomène localisé, il peut générer des catastrophes climatiques sur l'ensemble de la planète, comme en témoigne Wikipedia[13] :

> Ainsi, la version 1997 d'El Niño provoqua des sécheresses et des feux de forêts en Indonésie, de fortes pluies en Californie et des inondations dans la région du sud-est des États-Unis. La température moyenne estimée du globe, en surface, pour les zones terrestres et maritimes, a également augmenté. Fin

---
13. https://fr.wikipedia.org/wiki/El_Ni%C3%B1o

décembre 1997, une tempête battant des records a déversé jusqu'à 25 cm de neige dans le sud-est des États-Unis. Des vagues atteignant quatre mètres de haut ont déferlé au sud de San Francisco. De violentes tempêtes ont sévi en Floride, avec des tornades atteignant 400 km/h. Selon le rapport de l'ONU, El Niño a, en 1997-98, fait plusieurs milliers de morts et blessés, et provoqué des dégâts estimés entre 32 et 96 milliards de dollars.

Maîtriser une telle puissance de destruction ne pouvait laisser insensibles les militaires. À la différence des armes environnementales étudiées précédemment, les recherches dans ce domaine semblent être le fait principalement des Russes. Cela semble logique, puisque même si les conséquences peuvent impacter l'ensemble de la planète, la première victime sera le continent américain, dont les États-Unis.

Ondes stationnaires et ondes ELF

Comment procéder, puisque la Russie n'a pas de côte baignée par El Niño ? La seule solution consiste à agir à distance, par l'utilisation principalement de deux types d'ondes émises en direction de l'ionosphère, la couche supérieure de l'atmosphère[14]. En voici une définition :

> – Une onde stationnaire est le phénomène résultant de la propagation simultanée dans des sens opposés de plusieurs ondes de même fréquence et de même amplitude, dans le même milieu physique, qui forme une figure dont certains éléments sont fixes dans le temps. Au lieu d'y voir une onde qui se propage, on constate une vibration stationnaire mais d'intensité différente, en chaque point observé.[15]

> – L'extrêmement basse fréquence (ou ELF, Extremely Low Frequency en anglais) est la bande de radiofréquences comprise entre 3 et 30 Hz (longueur d'onde de 100 000 à 10 000 km).

---

14. L'ionosphère s'étend d'environ 60 km jusqu'à 800 km au-dessus de la Terre.
15. https://fr.wikipedia.org/wiki/Onde_stationnaire

L'Arme environnementale

>Alors que la bande supérieure 30 à 300 Hz sert aux liaisons sous-marines, cette bande n'est pas utilisée en télécommunications, mais sert à détecter certains phénomènes naturels, générateurs d'impulsions radioélectriques.
>
>Des ondes ELF naturelles sont présentes sur Terre, créées par les éclairs de foudre qui déclenchent l'oscillation des électrons de l'atmosphère.[16]

En fonction de critères spécifiques, dont leur puissance, ces ondes interagissent avec les phénomènes climatiques, jusqu'à les modifier. En effet, elles peuvent, par exemple, en simplifiant, constituer dans le ciel une sorte de bouchon, qui empêchera les alizés de souffler, ou même déplacer les jet-streams, ces courants d'air situés entre 8 et 16 km au-dessus de la Terre avec des vents soufflant jusqu'à 360 km/h.

L'année 1982-83
C'est sur l'El Niño dévastateur de cette année-là qu'un lien est établi avec l'arme environnementale. En effet, selon les auteurs du livre *Coucou, c'est Tesla*,[17]

>il existe des preuves manifestes que les bouleversements climatiques de l'année 1983 sont l'œuvre des Soviétiques, qui ont commencé à intervenir dans l'ionosphère en y projetant des ondes stationnaires.
>
>Les Soviétiques portent également la responsabilité du grand mouvement climatique de 1982/1983 que l'on appelle « El Niño ». [...]
>
>El Niño de 1983 est le résultat d'énormes ondes stationnaires émises par les Russes. Leurs propriétés permettent de verrouiller les mécanismes météorologiques en créant un bouchon, ce qui empêche les alizés de suivre leur trajectoire habituelle. [...]
>
>Les variations de climat provoquées par El Niño sont « sans

---
16. https://fr.wikipedia.org/wiki/Extr%C3%AAmement_basse_fr%C3%A9quence
17. *Coucou, c'est Tesla*, ouvrage collectif, Les Éditions Felix, 1997.

précédent », selon le Dr Willet, professeur émérite de météorologie du Massachusetts Institute of Technology.

A. Wagner, météorologue du département d'analyse des climats du gouvernement à Washington, nous explique :

« Le jet-stream a changé son cours dans la stratosphère, il s'est déplacé vers le nord et l'air froid qui vient du Canada et rafraîchit l'été américain est resté bloqué. Une masse gigantesque d'air chaud est resté en stagnation au-dessus du continent, elle est à l'origine de la vague de chaleur et de sécheresse de l'été 1983.

Au final, les auteurs du livre concluent que « El Niño de 1983 fut l'une des perturbations météorologiques les plus dévastatrices de notre histoire ». Par exemple, les pertes de récolte aux États-Unis sont évaluées à plus de dix milliards de dollars.

Signalons toutefois que les « preuves manifestes » que les Soviétiques en sont responsables ne figurent pas dans le livre. Il est donc possible d'en douter, même si, effectivement, ils semblent alors maîtriser ce type d'ondes. Cela pourrait expliquer pourquoi les alizés de l'Équateur, qui soufflent d'est en ouest, ont buté comme sur un verrou et qu'ils se sont mis à souffler dans la direction opposée pour des raisons inconnues, ainsi que le constate le *Washington Post* du 6 mars 1983.[18]

III. Les tsunamis

Le Projet Seal, ou la « Bombe tsunami »
L'actualité en Asie de ces dernières années a démontré l'impact dévastateur que peuvent avoir les tsunamis sur des régions entières, en détruisant tout sur leur passage. Ce n'est donc pas une surprise de découvrir que les militaires étudient comment déclencher ce type de catastrophe « naturelle » depuis longtemps, bien que les in-

---
18. Cité par www.quanthomme.free.fr, *La Guerre météorologique*.

L'Arme environnementale

formations n'aient filtré que récemment, au moins sur l'une de ces recherches.

En effet, la presse révèle au tout début de l'année 2013 que Ray Waru, auteur et réalisateur néo-zélandais, a découvert dans les archives de son pays un dossier au sujet d'un programme militaire intitulé « Project Seal », dont l'objectif est de déclencher des tsunamis.

Développé en commun par les États-Unis et la Nouvelle-Zélande, son origine remonte à 1944. Les Anglais n'y participent pas directement mais suivent les opérations, puisque la Nouvelle-Zélande est encore un dominion de l'Empire britannique et ne deviendra un État souverain qu'en 1947.

Les informations présentées ci-dessous proviennent principalement du rapport intitulé *The Final Report of Project Seal* rédigé et signé par le Professeur T. D. J. Leech, directeur des développements scientifiques de l'Université d'Auckland. Daté du 18 décembre 1950, sa lecture est des plus intéressantes : ce Projet Seal a bien pour objectif de déclencher des raz-de-marée et des tsunamis au moyen d'explosions contrôlées.

Tout commence avec le commandant d'escadre E. A. Gibson : tandis qu'il est engagé dans la zone Pacifique de 1936 à 1942, il constate que des opérations de minage sur des formations coralliennes submergées sont suivies occasionnellement par de grandes vagues.

Il parle de ses observations le 13 janvier 1944 au chef d'état-major de la Nouvelle-Zélande, et dès le mois de février est organisée à Nouméa une réunion à laquelle participent aussi les scientifiques J. M. Snodgrass, professeur à l'Université de Californie, Division « Recherche de guerre », qui travaille sur les questions de guerre sous-marine, et donc le professeur néo-zélandais T. D. J. Leech.

Elle débouche sur la décision d'effectuer sans attendre des essais exploratoires en Nouvelle-Calédonie « dans le but de déterminer :

> (a) l'influence de certaines variations dans la taille et la forme des charges ;

Chapitre 2 : L'Océan

>(b) les effets directionnels de séries de charges de surface agencées de façon à se conformer avec certaines structures géométriques ;
>
>(c) la compréhension du mécanisme à l'œuvre.

Il s'ensuit un rapport daté du 31 mars 1944, qui est approuvé et transmis par l'amiral Halsey, commandant de la zone Pacifique Sud (Comsopac), aux autorités néo-zélandaises, afin de solliciter leur concours aux motifs suivants :

>Les résultats de ces expériences, selon mon opinion, montrent que l'inondation dans la guerre amphibie présente définitivement des possibilités de grande envergure en tant qu'arme offensive. Il serait hautement souhaitable d'effectuer de nouveaux développements dans le but d'établir une méthode et une procédure pratiques qui pourrait être utilisée dans la guerre offensive. Je serais reconnaissant si ce développement pouvait être mené à bonne fin par des officiers de Nouvelle-Zélande. Toute l'assistance pratique en termes d'équipement et de personnel de notre centre de commandement sera à votre disposition.

La requête est examinée et acceptée par le Comité des chefs d'état-major néo-zélandais, et leur proposition pour la mise en œuvre du projet est approuvée par le Cabinet de guerre le 5 mai 1944.

Il aura fallu à peine trois mois et demi pour lancer le projet. En effet, les militaires pensent que les tsunamis offrent un potentiel aussi important que la bombe atomique. Ils envisagent même, si ses promesses se confirment, de pouvoir utiliser cette arme environnementale pour faire capituler le Japon.

Les Néo-Zélandais commencent les préparatifs. C'est la zone du golfe d'Hauraki, au nord de l'île du Nord, qui est choisie. Elle l'est pour plusieurs raisons, dont « la proximité raisonnable avec Auckland », la localisation favorable sur le plan de la sécurité, la disponibilité de plusieurs sites permettant d'y effectuer les expériences les plus diverses...

Il est même construit un barrage dans l'une des vallées proches afin de disposer d'une piscine expérimentale d'environ 400 m x

65 m, avec des profondeurs variant jusqu'à 8 m. Des développements techniques d'ampleur s'avèrent aussi nécessaires, comme la création de systèmes d'enregistrement des vagues à distance, des systèmes de mise à feu contrôlée, etc.

Lorsque la phase initiale est terminée, la réalisation du Projet Seal est lancée le 6 juin 1944, avec deux objectifs : « le développement de techniques, et leur application lors d'un essai sur une échelle opérationnelle ».

Du 6 juin 1944 au 8 janvier 1945 sont effectués 3 700 expériences, avec des charges allant jusqu'à environ 300 kg. Le TNT est le principal explosif utilisé, mais des essais sont effectués avec de la gélignite ou du nitrostarch (utilisé, par exemple, dans les grenades à main lors de la Première Guerre mondiale).

Les analyses débouchent sur la conclusion que « l'inondation offensive est possible dans des circonstances favorables », avec « l'opportunité d'obtenir des amplitudes de vagues de l'ordre de celles enregistrées lors des raz-de-marée qui se sont avérés désastreux ».

Suivent dans le rapport différentes observations techniques, tel le fait que les explosions à proximité de la surface sont plus efficaces que lorsque les charges sont profondément submergées... Le paragraphe (g) particulièrement mérite d'être reproduit :

> (g) Avec des charges de TNT de l'ordre de 2 000 tonnes divisées en, disons, dix montants égaux et répartis convenablement, il est dans les limites du possible d'obtenir des amplitudes de vagues de 10 à 13 m à des distances d'environ 8 km du littoral, en fonction de fonds marins propices, qui sont ceux le plus souvent rencontrés.

Une fin prématurée... en apparence

Les résultats s'annoncent donc prometteurs, pourtant le Projet Seal n'ira pas jusqu'à son terme : le gouvernement néo-zélandais l'arrête dès janvier 1945, « avant que le programme expérimental complet soit mené à bonne fin et que les problèmes de recherche fondamentale ne soient résolus ».

Pour quelles raisons ? Sans aller jusqu'à écrire que les autorités britanniques ont torpillé le programme, le Professeur Leech signale que leur pessimisme affiché dès le début, combiné à un changement de commandement dans la zone du Pacifique Sud ainsi qu'à l'ascendant militaire croissant des Alliés dans la guerre, « ont réduit la priorité opérationnelle du projet ».

Cependant, il ne disparaît pas totalement. Ainsi, le Pr Leech est invité par les Américains à représenter la Nouvelle-Zélande et l'Australie au deuxième essai de bombe nucléaire qui a lieu sur l'atoll Bikini[19] le 25 juillet 1946. Faute de budget disponible à l'Université d'Auckland, il est contraint de décliner l'invitation. Il fournit néanmoins des données importantes sur le positionnement des charges à des profondeurs critiques, qui valident les « prévisions basées sur le travail de l'unité du Projet Seal ».

Il est de nouveau invité par les États-Unis, cette fois à l'Université de Californie pour participer à l'analyse des données obtenues à Bikini, mais il doit de nouveau décliner l'invitation pour la même raison d'impécuniosité de l'Université d'Auckland.

C'est donc l'Université de Californie qui publie les premières informations (classifiées) concernant différentes phases du Projet Seal. À partir de 1948 sont exprimées à plusieurs reprises des requêtes officielles pour la publication du rapport final.

Il faut attendre 1950 et l'évolution de la situation pour que les ressources suffisantes puissent enfin être dégagées par l'Université d'Auckland afin de compléter le rapport sur le plan scientifique, grâce à trois postdoctorants.

L'une des principales conclusions est que l'utilisation du TNT et des autres explosifs génère des difficultés non négligeables mais que

---

19. Selon Wikipedia : « Le 7 mars 1946, la population indigène de l'île avait été évacuée et déplacée sur l'atoll de Rongerik. 67 expériences nucléaires dont 23 explosions de bombes A et de bombes H ont été effectuées entre 1946 et 1958. Trois îles seront rayées de la carte durant ces expériences. »

l'emploi de bombes atomiques se révèle finalement ce qu'il y a de plus pratique et efficace pour générer des tsunamis.

Le Japon avant la Nouvelle-Zélande

En fait, les recherches sur les tsunamis sont bien antérieures au Projet Seal. Ainsi, le Pr Leech mentionne dans son rapport final que des expériences ont été effectuées à petite échelle dès 1933 à l'Institut de recherche sur les séismes de l'Université impériale de Tokyo. Elles semblent toutefois n'avoir pas eu de finalité militaire.

Les chercheurs ont réussi à créer des vagues à partir des mouvements d'un piston à l'intérieur d'un réservoir peu profond. Or, « ces vagues possédaient des caractéristiques similaires à celles souvent subies pendant ou juste après des tremblements de terre ». Produire des vagues dans un laboratoire est une chose, un séisme et un tsunami dans l'océan en sont une autre. Mais il faut bien un début à tout.

La poursuite des recherches

Le Projet Seal prouve que les recherches sur la possibilité de déclencher un tsunami appartiennent à la réalité depuis plus de soixante-dix ans, ce qui a largement laissé le temps de perfectionner la ou les techniques nécessaires. Le Pr Leech révèle d'ailleurs dans son rapport que des expérimentations ont été effectuées par la suite au Royaume-Uni et aux États-Unis. Il ne donne toutefois pas de précisions supplémentaires.

Il faut attendre un rapport d'octobre 1968 intitulé *Handbook of Explosion-Generated Water Waves*, préparé à la demande de l'Office of Naval Research pour avoir la confirmation que l'intérêt des militaires pour les vagues créées par explosion ne se dément pas. Il s'amplifie même avec les tests nucléaires sous-marins, dont les vagues générées ont des conséquences sur les navires, les submersibles, les ports, et même la sédimentation et l'érosion des fonds marins, qui se répercutent ensuite sur les câbles, les oléoducs et autres instal-

Chapitre 2 : L'Océan

lations sous-marines. En fait, ce rapport exclusivement scientifique prouve que les expériences continuent bien après la fin officielle du Projet Seal.

Il est donc difficile pour ne pas dire quasiment impossible de savoir ce qui a résulté de ces recherches, d'autant plus que nous n'avons pas trouvé trace de nouveaux programmes visant à déclencher des tsunamis.

Peut-être parce qu'a été développée une technique plus efficace et plus discrète que l'utilisation de bombes atomiques ou de « deux mille tonnes de TNT » ? Pour nous mettre sur la voie, étudions la liste historique des tsunamis, telle que présentée par Wikipedia.[20] Voici le tableau, duquel nous avons enlevé le tsunami « terrestre » de 1963 parce qu'il est consécutif à la rupture d'un barrage, donc une cause artificielle reconnue, et tous ceux antérieurs au Projet Seal, qui ne peuvent encore avoir une origine militaire :

Date	Lieu	Cause primaire
1946	Nankaidô, Japon	Tremblement de terre
1946	Îles Aléoutiennes, Hawaï	Tremblement de terre
1952	Îles Kouriles, URSS	Tremblement de terre
1956	Amorgos, Grèce	Tremblement de terre
1958	Lituya Bay, Alaska, USA	Glissement de terrain déclenché par un séisme
1960	Valdivia, Chili et océan Pacifique	Tremblement de terre
1964	Niigata, Japon	Tremblement de terre
1964	Alaska, USA et océan Pacifique	Tremblement de terre
1969	Portugal, Maroc	Tremblement de terre
1976	Mindanao, Philippines	Tremblement de terre
1979	Tumaco, Colombie	Tremblement de terre

---

20. https://en.wikipedia.org/wiki/List_of_historical_tsunamis

1980	Spirit Lake, Washington, USA	Éruption volcanique
1983	Mer du Japon	Tremblement de terre
1992	Nicaragua	Tremblement de terre
1993	Okushiri, Hokkaido, Japon	Tremblement de terre
1994	Java	Tremblement de terre
1998	Papouasie-Nouvelle-Guinée	Tremblement de terre
1999	Mer de Marmara	Tremblement de terre
2004	Océan Indien	Tremblement de terre
2006	Sud de Java	Tremblement de terre
2006	Îles Kouriles	Tremblement de terre
2007	Îles Solomon	Tremblement de terre
2007	Colombie britannique	Glissement de terrain
2009	Samoa	Tremblement de terre
2010	Chili	Tremblement de terre
2010	Sumatra	Tremblement de terre
2011	Nouvelle-Zélande	Chute de glace déclenchée par un séisme
2011	Côte pacifique du Japon	Tremblement de terre

La troisième colonne est limpide : quasiment tous les tsunamis sont consécutifs à des séismes. Peut-être est-il alors plus efficace et surtout plus discret de créer un tsunami en produisant d'abord un tremblement de terre ? Nous nous intéresserons à cette branche des armes environnementales dans le chapitre suivant.

Chapitre 2 : L'Océan

Des tsunamis artificiels ?

Officiellement, aucun tsunami n'a jamais été déclenché par les militaires occidentaux, russes ou chinois. Étudions néanmoins si certains d'entre eux ne présentent pas des anomalies qui pourraient trahir leur origine artificielle.

Du fait qu'il se situe en pleine guerre froide et durant celle de Corée, il est logique de s'intéresser au tsunami qui a frappé les îles Kouriles, donc l'URSS, le 4 novembre 1952. Les données enregistrées indiquent un séisme d'une magnitude de 8,2 sur l'échelle de Richter révisée à 9,0 par la suite, dont l'épicentre se trouve à environ 130 km au large du Kamchatka. Trois vagues jusqu'à dix-huit mètres de hauteur s'abattent successivement sur la ville de Severo-Kourilsk, avec un bilan très lourd d'environ 2 400 morts sur une population de l'ordre de 6 000 habitants, soit 40 % du total !

Ce tsunami ne fait pas de victime et ne produit quasiment aucun dommage dans les autres zones qu'il touche, dont le Japon, la Nouvelle-Zélande, le Chili, le Pérou, la Californie, l'Alaska, à l'exception d'Hawaï, où de nombreuses infrastructures sont détruites.

Est-il d'origine artificielle ? Il est impossible de le conclure, notamment parce que ses caractéristiques physiques semblent cohérentes avec ce que génère habituellement la Nature. De plus, nous voyons peu d'intérêt stratégique, même en cette période de confrontation aiguë entre l'Est et l'Ouest – sauf à délivrer un message –, à déclencher un tsunami dans cette région peu peuplée et dont l'importance économique est limitée. Il aurait alors été plus « efficace » de frapper environ 200 km plus au nord, sur Petropavlovsk-Kamtchatski, une ville abritant à l'époque une population de 80 000 habitants et disposant d'installations militaires importantes – une base de sous-marins nucléaires y sera même installée par la suite. C'est donc quasi certainement à cause d'une catastrophe naturelle que ces personnes ont perdu la vie.

L'Arme environnementale

« April Fools' Day »[21]

« Près de soixante ans après l'événement, le tsunami de 1946 continue de nous rendre tous fous »,[22] déclare Gerard Fryer, professeur de géophysique à l'Université de Hawaï.

Il parle de l'un des tsunamis les plus destructeurs du Pacifique, qui se produit le 1er avril 1946 à 12 h 29 GMT. Il fait suite à un séisme de magnitude 7,8 à proximité d'Unimak, une île de la chaîne des Aléoutiennes, un archipel de trois cents îles volcaniques au sud-ouest de l'Alaska. Une vague gigantesque d'au moins 35 m de hauteur détruit le phare en béton armé des gardes-côtes, tuant ses cinq occupants.

Sans que l'alerte ait pu être donnée, le tsunami s'abat sur Hawaï cinq heures plus tard et fait 159 victimes supplémentaires, dont des enfants à l'école.[23] Des vagues jusqu'à 8 m de hauteur détruisent un hôpital.

C'est ainsi que les faits sont rapportés. Déjà, ce qui est étonnant, voire incroyable, c'est la vitesse des vagues : entre Unimak et Hawaï, il y a environ 3 700 km, distance qu'elles parcourent en moins de cinq heures, soit une vitesse de plus de 700 km/h ! Ce n'est d'ailleurs pas un cas unique, puisque Rachel Carson rapporte dans son livre *The Sea Around Us*[24] l'exemple d'un tsunami ayant frappé le Chili, où les vagues ont parcouru la distance de 13 000 km depuis l'épicentre en dix-huit heures, soit, là aussi, à un peu plus de 700 km/h.

Quelles que soient les analyses scientifiques sur cet événement exceptionnel d'avril 1946, elles s'accordent toutes sur un point : il est impossible qu'un tremblement de terre d'une magnitude de 7,8 – et même de 8,1 telle qu'elle est réévaluée par la suite par le U.S. Geological Survey (USGS) – ait pu déclencher un tsunami si gigantesque : parti de l'Alaska, il dépasse les côtes de la Californie et continue sa course plus au sud, jusqu'au Chili, en ayant peut-être même atteint l'Antarctique.

---

21. Équivalent en anglais du « 1er avril » ou « poisson d'avril ».
22. Gerard Fryer utilise le double sens du mot « fool », qui se traduit par « fou » mais renvoie aussi au poisson d'avril, car ce tsunami s'est produit le 1er avril.
23. Le gouvernement installera trois ans plus tard à Hawaï un centre d'alerte aux tsunamis pour le Pacifique.
24. Rachel Carson, *The Sea Around Us*, Open Road Media, 29 mars 2011.

Cette catastrophe résiste aux explications depuis près de soixante ans lorsque deux scientifiques, Alberto M. López et Emile A. Okal, envoient le 18 décembre 2005 leur étude intitulée *A seismological reassessment of the source of the 1946 Aleutian 'tsunami' earthquake* au *Geophysical Journal International*,[25] qui l'accepte le 31 décembre, donc en moins de deux semaines, ce qui peut sembler court, surtout en période de Noël. Après tout, peut-être est-elle suffisamment convaincante, en affirmant expliquer l'inexplicable et clore définitivement le débat ?

Depuis ce tragique 1er avril 1946, le problème auquel sont confrontés les chercheurs est que les caractéristiques du tsunami ne correspondent absolument pas à la gravité de ses conséquences. Alors comment le résoudre ? C'est simple, en tout cas pour ces deux chercheurs, puisqu'il n'y a qu'à les changer par un tour de passe-passe dont les scientifiques ont le secret lorsque cela les arrange ou qu'ils cherchent sur commande (militaire).

Pour commencer, ils concluent que la magnitude n'est pas de 7,8 voire 8,1, mais de 8,6, ce qui constitue une différence de puissance considérable. Ensuite, ils déplacent l'épicentre du séisme, sans autre formalité. De quelle manière ? Ils prennent les quarante-deux séismes publiés par l'*International Seismological Summary* (ISS) qui se sont produit à proximité – moins de 400 km, mais pourquoi pas 300 ou 500 km ? – dans l'année qui a suivi – pourquoi ne pas prendre aussi ceux qui ont précédé, mystère... ? –, ils en ajoutent onze autres, puis en éliminent treize du total ! Ils extrapolent à partir de ces données l'épicentre du séisme, et le « relocalisent » ailleurs. Indubitablement, c'est de la bonne science bien scientifique...

Il n'y a plus ensuite qu'à tripatouiller avec la même « cuisine » les autres paramètres tels que la directivité, la profondeur, etc., et le tour est joué : la tragédie de ce 1er avril 1946 est définitivement et « naturellement » expliquée.

---

25. *A seismological reassessment of the source of the 1946 Aleutian 'tsunami' earthquake*, Alberto M. López et Emile A. Okal, *Geophysical Journal International*, Volume 165, Issue 3, pp. 835-849.

L'Arme environnementale

La technique du « *reassessment* » (« ré-évaluation » en français), mot utilisé dans le titre de cette étude, réalisée a posteriori est un grand classique des scientifiques, et nous verrons son utilisation pour d'autres cas, au mépris des faits et donnés physiques les plus basiques. Mais puisqu'on nous dit que c'est de la science...

Histoire de bombes
Sauf que cette parodie de recherche ne peut tromper grand monde, même si les autres scientifiques ne souhaitent pas forcément mettre prématurément un terme à leur carrière en exprimant publiquement que la cause la plus probable est l'utilisation de l'arme atomique[26].

En effet, c'est environ huit mois plus tôt, soit le 16 juillet 1945, que le premier essai de bombe nucléaire a officiellement été effectué par l'armée américaine, dans le cadre du Projet Manhattan, qui a permis de raser Hiroshima et Nagasaki trois semaines plus tard.

À ce moment, le Projet Seal est arrêté depuis six mois, mais il a donné lieu à 3 700 expériences d'explosions sous-marines, donc à la collecte d'une grande masse de données. Surtout, il a prouvé qu'il est possible de déclencher des tsunamis grâce à des explosions contrôlées. Nous avons vu également que le Pr Leech, le directeur du Projet Seal, a contribué au deuxième essai de bombe nucléaire ayant eu lieu sur l'atoll Bikini le 25 juillet 1946.

Alors rien n'interdit de penser qu'un test grandeur nature a été mené dans cette zone du Pacifique inhabitée, ce qui expliquerait la violence du tsunami du 1er avril 1946, malgré la faiblesse relative du séisme censé l'avoir déclenché.

Certains analystes concluent même que ce n'est pas la bombe A qui fut utilisée mais la bombe H, à hydrogène, nettement plus puissante, en tout cas ce qui est appelé à l'époque la « super bombe ». Pourtant, le premier test officiel de la bombe H ne sera réalisé que six ans plus tard, soit le 1er novembre 1952. Les dates ne concordent

---
26. Rappelons que la majeure partie de la recherche publique aux États-Unis est financée par le Pentagone, ce qui peut refroidir certaines ardeurs scientifiques en quête de la vérité.

pas, mais il existe des éléments objectifs qui laissent à penser que la bombe à hydrogène – ou un équivalent – fut prête bien avant 1952, dont notamment une lettre du Dr James B. Conant, président de la Harvard University et conseiller scientifique du général Leslie Groves, l'homme qui dirige le Projet Manhattan de 1942 à 1947. Ce courrier, daté du 20 octobre 1944 et conservé aux archives nationales des États-Unis, est adressé à Vannevar Bush, conseiller scientifique du président Roosevelt, chercheur au MIT et impliqué dans le Projet Manhattan. En voici un extrait explicite :

> Par diverses méthodes qu'il semble possible de développer en six mois après que la première bombe soit perfectionnée, il devrait être possible d'en augmenter l'efficacité... auquel cas, le même montant de matière produirait quelque chose comme l'équivalent de 24 000 tonnes de TNT.[27] D'autres développements dans la même direction offrent la possibilité de produire une bombe avec de tels niveaux de matière et d'efficacité qu'elle porterait le chiffre à l'équivalent de plusieurs centaines de milliers de tonnes de TNT, et peut-être même un million de tonnes d'équivalent TNT... Toutes ces possibilités résident uniquement dans le fait de perfectionner l'efficience de l'utilisation des éléments « 25 » [U235] et « 49 » [Pu239]. Vous verrez ainsi qu'une « super » bombe considérable est en perspective en dehors de l'utilisation d'autres réactions nucléaires.

Nous ne savons pas si, finalement, cette « super » bombe fut développée dans les six mois annoncés, mais, entre la rédaction de cette lettre et le tsunami du 1er avril 1946, il s'écoule dix-huit mois, soit trois fois le temps nécessaire évalué par le Dr Conant.

Sans compter que trois mois avant l'envoi de ce courrier a lieu une tragédie dont les effets n'ont pu échapper à l'armée.

---

27. On utilise généralement une unité exprimée en tonnes de TNT pour mesurer l'énergie dégagée par l'explosion d'une arme nucléaire. Elle correspond à la masse de TNT qu'il faudrait réunir pour obtenir une quantité d'énergie équivalente.

L'Arme environnementale

La bombe de la mutinerie ?

Le 9 août 1944, environ 250 marins afro-américains refusent de continuer à charger les cargaisons de munitions sur les bateaux qui se présentent à Port Chicago, en baie de San Francisco. S'ils étaient des civils, ce serait une grève, mais ils sont militaires, donc la Navy considère cet acte comme de la mutinerie et les arrête, puis en traduit une cinquantaine en cour martiale où ils sont condamnés à la prison.

Alors que le pays est en pleine Seconde Guerre mondiale, quelle peut être la cause d'une telle rébellion, qui entre dans l'histoire américaine sous le nom de « la mutinerie de Port Chicago » ?

C'est la peur, compte tenu des conditions dangereuses dans lesquelles ils travaillent, mais surtout de la tragédie qui s'est produite trois semaines plus tôt, le 17 juillet 1944. Ce jour-là, à 22 h 18, tandis que deux bateaux sont en cours de chargement de bombes incendiaires, de bombes à fragmentation, etc., retentit un premier bruit métallique, suivi d'une explosion, puis d'un incendie et enfin d'une explosion encore plus puissante que la première, qui ravage tout : les 320 hommes qui travaillent sur le quai sont tués instantanément, des morceaux de métal brûlant sont projetés jusqu'à 3 700 m d'altitude, la boule de feu qui recouvre la zone atteint 4,8 km de diamètre, l'explosion s'entend jusqu'à plus de 300 km, etc.

Ce que les images montrent ensuite correspond exactement au spectacle de désolation d'Hiroshima un an plus tard : tout est rasé, exactement comme si une bombe atomique y avait explosé. C'est censé ne pas être possible, puisque le premier test officiel d'une arme nucléaire interviendra seulement l'année suivante, à un jour près.

Pourtant, malgré les dénégations des autorités, tout indique qu'il y avait une bombe atomique à bord de l'un des deux bateaux,[28] y compris la description par les témoins d'un « champignon » dans le

---

28. À cette époque, les bombes sont encore trop lourdes pour être transportées par avion, ainsi qu'Albert Einstein le mentionne dans une lettre du 2 août 1939 destinée au président F.D. Roosevelt. Le plan consiste alors à les transporter par bateau et à les faire exploser dans un port.

ciel après l'explosion, ce qu'ils ne pouvaient imaginer puisqu'il ne s'était pas encore officiellement produit dans l'histoire de l'humanité de détonation atomique. Présenter d'autres faits confirmant cette hypothèse nous éloigne de l'objet de notre étude ; il est toutefois à souligner que la seconde explosion est enregistrée par les sismographes de l'Université de Californie à Berkeley, avec une magnitude correspondant à un séisme de 3,4 sur l'échelle de Richter. Il s'ensuit le déclenchement d'une vague entre 6 et 10 m de hauteur, qui part du lieu de l'explosion en direction du phare, et dont « la puissance le fait reculer sur la plage d'environ 13 m » ![29]

C'est peut-être, historiquement, la première explosion sur le territoire des États-Unis ayant déclenché un raz-de-marée artificiel.[30] Ce phénomène n'a, évidemment, pas pu passer inaperçu du côté des militaires américains.

De là à penser qu'ils aient succombé à la tentation d'un essai en grandeur nature deux ans plus tard, donc que le tsunami du 1er avril 1946 fut déclenché artificiellement, il n'y a qu'un pas... qui nous semble d'autant plus facile à franchir que le sud des îles Aléoutiennes est un endroit parfait pour effectuer un tel test : le Pacifique Nord est inhabité et s'étend à perte de vue vers le Sud, du moins sur environ 3 700 km, jusqu'à Hawaï et son archipel.

Cette position favorable n'a pas échappé non plus aux militaires, qui font par la suite de l'Alaska et des îles Aléoutiennes, en particulier d'Amchitka, pourtant un National Wildlife Refuge depuis 1913, c'est-à-dire une réserve pour la protection de la faune et de la flore, une zone officielle de tests nucléaires, notamment pour leurs essais souterrains de bombes H. Nous reviendrons sur ces tests dans le chapitre suivant.

---

29. *The Great Port Chicago Disaster and Mutiny*, Therese Lanigan-Schmidt, *Lighthouse Digest*, juin 2004.
30. Ce type de phénomène est connu depuis longtemps : l'un des plus anciens dont nous ayons conservé la trace a lieu lors du siège d'Anvers par les Espagnols le 4 avril 1585. Les Hollandais envoient un brûlot de 800 tonnes, c'est-à-dire un bateau incendiaire chargé d'explosifs et/ou de matériaux inflammables, et, en l'occurrence, de rochers. L'objectif de détruire le pont fortifié est atteint, mais trois épiphénomènes géophysiques se produisent : un petit tsunami sur la rivière, le sol tremble sur des kilomètres à la ronde, et un nuage noir recouvre complètement la zone.

Signalons toutefois que John F. Kennedy avait interdit aux militaires de construire un site de tests nucléaires en Alaska, compte tenu de la proximité géographique de l'Union soviétique. C'est à peine quelques mois après son assassinat qu'ils passent outre et s'installent à Amchitka.

Le premier essai souterrain de bombe nucléaire a lieu le 29 octobre 1965, et le troisième et dernier, le 6 novembre 1971. Trois autres essais étaient prévus, mais des activistes se mobilisent sous la bannière « Don't Make a Wave Committee » et obtiennent l'arrêt de ce programme. C'est l'acte fondateur de cette ONG, qui prendra dès l'année suivante le nom de... « Greenpeace ». Dans les faits, c'est plutôt à l'opposition de plusieurs agences fédérales et du département d'État, compte tenu des protestations diplomatiques, notamment du Pérou et du Japon, mais aussi des risques pesant sur la santé des populations et l'environnement, qu'est réellement dû l'arrêt de ce programme d'explosions nucléaires.

L'invention du « tsunami earthquake »

En 1972, le sismologue japonais Hiroo Kanamori crée le concept de « tsunami earthquake ». Il s'agit d'un tremblement de terre qui produit un tsunami anormalement puissant par rapport à la magnitude du séisme. Ce concept s'avère parfait pour justifier des déclenchements artificiels !

Depuis le terrible et mystérieux tsunami du 1er avril 1946 des îles Aléoutiennes, deux autres présentent des caractéristiques excédant largement la puissance du séisme qui les a déclenchés : au Pérou en novembre 1960 et aux îles Kouriles en octobre 1963.

Ils sont suivis de quatre autres classés dans cette catégorie : en 1975, de nouveau aux îles Kouriles ; à Java en 1994 et en 2006 ; encore au Pérou, en 1996.

L'écart entre la puissance du tremblement de terre et celle du tsunami pourrait laisser penser à une cause artificielle. Pour en avoir le cœur net, il faudrait étudier d'autres critères, tels que l'épicentre, la

Chapitre 2 : L'Océan

propagation des ondes, etc., et les comparer sur les relevés établis par les différents organismes en charge de ces questions. Comme il s'agit de tsunamis anciens ou ayant fait peu de victimes, donc oubliés, sauf pour les quelques habitants de ces zones, nous concentrerons notre attention sur deux autres catastrophes, bien qu'elles ne fassent pas partie de la liste des « tsunamis earthquakes ». Pourtant, les conditions enregistrées initialement auraient dû les classer d'office dans cette catégorie. Étudions maintenant ces deux tsunamis, qui sont les plus meurtriers du XXIe siècle.

Océan Indien – Décembre 2004

Tout le monde se souvient encore de ce terrible tsunami qui ravage l'océan Indien après un tremblement de terre d'une rare violence, ainsi que le résume le site français de Wikipedia :

> Le séisme du 26 décembre 2004 dans l'océan Indien s'est produit au large de l'île indonésienne de Sumatra avec une magnitude de 9,1 à 9,3. L'épicentre se situe à la frontière des plaques tectoniques eurasienne et indo-australienne. Ce tremblement de terre a eu la quatrième magnitude la plus puissante jamais enregistrée dans le monde. Il a soulevé jusqu'à 6 mètres de hauteur une bande de plancher océanique longue de 1 600 kilomètres.
>
> Le tremblement de terre a provoqué vingt minutes plus tard un tsunami allant jusqu'à plus de 30 mètres de hauteur qui a frappé l'Indonésie, les côtes du Sri Lanka et du sud de l'Inde, ainsi que l'ouest de la Thaïlande.[31]

Signalons que l'énergie totale d'un séisme de magnitude 9,0 est équivalente à celle de 500 mégatonnes de TNT, soit 500 millions de tonnes de TNT, une mégatonne étant égale à un million de tonnes. À titre de comparaison, la bombe atomique d'Hiroshima avait une puissance d'environ « seulement » 15 kilotonnes, soit 15 000 tonnes.

---

31. https://fr.wikipedia.org/wiki/S%C3%A9isme_et_tsunami_de_2004_dans_l'oc%C3%A9an_Indien

L'Arme environnementale

C'est donc sans surprise que le bilan humain est très lourd, l'un des plus terribles de l'histoire, avec au moins 230 000 victimes. Tandis que l'émotion est encore à son comble, quelques voix commencent dans les semaines suivantes à s'étonner de paramètres qui ne sont pas cohérents.

La première chose qui pourrait surprendre est la quasi-absence auparavant de tsunami dans cette zone pour cause de tremblement de terre. Il faut remonter au 27 août 1883, date de l'explosion du Krakatoa en Indonésie, pour trouver la trace d'un tel événement. Mais la cause est volcanique, pas sismique.

Une équipe de scientifiques animée par Kerry Sieh, un paléo-sismologue de l'Observatoire de la Terre à l'Université technologique Nanyang de Singapour publie en juillet 2004 une étude basée sur l'analyse de coraux qui conclut qu'il se produit des séismes tous les deux cents ans dans la partie centre-ouest de Sumatra. Ces travaux permettent d'évaluer la magnitude entre 8,8 et 9,2 d'un tremblement de terre qui s'est déclenché le 25 novembre 1833 au large de Sumatra, mais à environ 1 000 km au sud-est de celui de 2004.

Inquiets qu'un tel tremblement de terre puisse se reproduire, Kerry Sieh et ses collègues avertissent la population, ce qui leur vaudra une large publicité après la catastrophe qui se produit juste cinq mois plus tard. Sauf que, comme il le reconnaît, eux ne parlaient pas de cette zone, d'autant plus qu'il ajoute que « cette bande particulière, du nord de Sumatra jusqu'aux îles Andaman, n'était sur l'écran radar de personne ».

Pas plus d'ailleurs que la possibilité d'un tsunami, car, ainsi que l'écrit Anahad O'Connor dans le *New York Times* du 4 janvier 2005,[32] « jusqu'à la semaine dernière, peu d'experts ou de gouvernements envisageaient la probabilité de tsunamis dans l'océan Indien ». Même le gigantesque tremblement de terre de 1833 n'avait pas été suivi d'un tsunami, en tout cas, il n'y en a pas de témoignage, alors qu'il existe pourtant de nombreuses descriptions des dommages

---

32. *Asian Tsunami Is a Repeat Performance*, Anahad O'Connor, *New York Times*, 4 janvier 2005.

causés par le séisme. Néanmoins, Anahad O'Connor titre son article *Asian Tsunami Is a Repeat Performance*, ce qui signifie donc qu'un tel tsunami s'est déjà produit, et c'était postérieurement à celui de 1833. Sur quoi se fonde-t-il ? Sur l'étude de chercheurs australiens publiée en septembre 2004, qui, se basant uniquement sur une simulation par ordinateur, arrivent à la conclusion que ce séisme sous-marin « a engendré un tsunami féroce qui a balayé l'océan Indien et a pulvérisé certaines des mêmes côtes ».

À part cette thèse, que rien d'autre n'étaye, pas même d'anciens témoignages ou récits, le phénomène tremblement de terre + tsunami semble ne jamais s'être produit dans cette partie de l'océan Indien, ce qui ne constitue cependant en rien une preuve.[33] En revanche, ce qui ajoute au trouble, ce sont les données sismiques. Tout d'abord, l'Agence géophysique indonésienne enregistre un séisme de 6,4 sur l'échelle de Richter, qui frappe le nord de Sumatra. Elle situe l'épicentre à environ 250 km au sud-ouest de la province d'Aceh.

Le NOAA, l'organisme états-unien, le positionne à près de 400 km plus au nord et annonce initialement une magnitude de 8,0 puis l'augmente progressivement à 8,5 puis 8,9 avant de le situer finalement entre 9,1 et 9,3. L'écart entre ces données est énorme et incompréhensible.

Pourquoi d'ailleurs des réévaluations successives ? Elles semblent d'autant plus erronées (mensongères ?) que les nombreuses images amateur prises entre le tremblement de terre – il n'a duré que treize secondes – et le tsunami ne témoignent d'aucun dégât, pas d'immeuble effondré, rien à signaler, la population continuant même de vaquer normalement à ses occupations (nous avons visionné plusieurs de ces vidéos). C'est impossible avec un séisme de magnitude 9,1 et plus, une puissance considérable rare, qui provoque au minimum des dommages graves sur plus de 1 000 kilomètres à la ronde et ne se produit que d'une à cinq fois par... siècle.

---

33. Sur les sites de Wikipedia en anglais, allemand, français et japonais pour l'article « Liste de tsunamis », seule la version en anglais retient un tsunami pour Sumatra en 1833.

Puis, vingt-deux minutes plus tard, sans même qu'il y ait de réplique sismique ou d'autres signes avant-coureurs, une gigantesque vague efface tout sur son passage. En conséquence,

> les Indonésiens et les Indiens furent ennuyés de constater que les « prémices » d'un tremblement de terre normal manquaient sur leurs relevés sismiques. […]
>
> Si tout ce que vous recevez est un ensemble d'ondes de pression P,[34] alors vous êtes presque certainement en train de regarder une explosion souterraine ou sous-marine. Ce furent en fait les seuls signaux sismiques reçus en abondance par les Indonésiens et les Indiens, et ils semblaient curieusement similaires à ceux générés plusieurs années auparavant par d'importantes armes nucléaires souterraines dans le Nevada.[35]

Pour l'auteur de ces lignes, il ne fait aucun doute que le séisme de ce 26 décembre 2004 est artificiel et fut déclenché par une explosion nucléaire sous-marine. Il ajoute que la bombe pourrait être thermonucléaire et correspondre au modèle américain de type W-53 d'une puissance de neuf mégatonnes (donc équivalente à 9 millions de tonnes de TNT), déposée au fond de la faille de Sumatra. Elle pèse moins de cinq tonnes et l'opération serait plutôt discrète à réaliser.

Il apporte d'autres arguments pour renforcer la thèse du tremblement de terre artificiel ; les lecteurs intéressés peuvent se reporter à l'ensemble des articles (la note de bas de page n'en cite que deux, mais il y en a d'autres).

Si cette catastrophe fut réellement déclenchée par l'homme, il reste à savoir par qui et pourquoi, mais c'est une autre histoire. D'autant plus que sept ans plus tard allait de nouveau se produire un séisme de magnitude 9.

---

34. Les ondes P sont les ondes primaires ou longitudinales, tandis que les ondes S sont les ondes secondaires ou transversales.
35. http://www.bibliotecapleyades.net/ciencia/esp_ciencia_tsunami14a.htm et http://www.bibliotecapleyades.net/ciencia/esp_ciencia_tsunami14c.htm

Fukushima – 2011

Voici ce que dit la version française de Wikipedia de cette tragédie qui restera à jamais gravée dans les mémoires :

> Le séisme de 2011 de la côte Pacifique du Tōhoku au Japon est un tremblement de terre d'une magnitude 9,0, survenu au large des côtes nord-est de l'île de Honshū le 11 mars 2011. Son épicentre se situe à 130 km à l'est de Sendai, chef-lieu de la préfecture de Miyagi, dans la région du Tōhoku, ville située à environ 300 km au nord-est de Tokyo. Il a engendré un tsunami dont les vagues ont atteint une hauteur estimée à plus de 30 m par endroits. Celles-ci ont parcouru jusqu'à 10 km à l'intérieur des terres, ravageant près de 600 km de côtes et détruisant partiellement ou totalement de nombreuses villes et zones portuaires.
>
> Ce séisme de magnitude 9 n'est cependant responsable que de peu de victimes et dégâts grâce à la qualité des constructions parasismiques japonaises. L'ampleur de cette catastrophe résulte essentiellement du tsunami qui s'ensuivit et qui est à l'origine de plus de 90 % des 18 079 morts et disparus, des destructions et des blessés. Ce tsunami a également entraîné l'accident nucléaire de Fukushima placé au niveau 7, le plus élevé sur l'échelle internationale des événements nucléaires (INES) des accidents nucléaires et radiologiques.[36]

A priori, tout paraît normal : un puissant séisme déclenchant un non moins puissant tsunami, et l'issue devient fatale. Sauf que, quelques mois plus tard, des articles commencent à remettre en question la version officielle.

La première source d'étonnement est la quasi-absence voire l'absence totale de dégâts causés par le tremblement de terre : les images montrent qu'aucun pont, bâtiment, route ou même voiture n'a été détruit. Or, ainsi que nous l'avons précisé ci-dessus, une magnitude de 9 représente une puissance colossale rarement atteinte.

---
[36]. https://fr.wikipedia.org/wiki/S%C3%A9isme_de_2011_de_la_c%C3%B4te_Pacifique_du_T%C5%8Dhoku

Quelle que soit « la qualité des constructions parasismiques japonaises », que rien ne soit endommagé dans les rues, pas même les maisons en bois ou les arbres, demeure impossible. Tout autant étonnant, une vidéo sur YouTube montre une salle de presse où des employés continuent de travailler sur leur ordinateur pendant ce tremblement de terre. Pour avoir vécu à Tokyo des séismes de puissances nettement moindres, c'est tout simplement inconcevable.

D'autant plus qu'aussi loin que l'on remonte dans le passé – jusqu'à l'année 684, même si l'on peut douter des évaluations portant sur cette époque aussi lointaine –, jamais un séisme d'une magnitude de 9 fut estimé ou enregistré au Japon. Même le grand tremblement de terre de 1923 qui rasa Tokyo eut une magnitude évaluée entre 7,9 et 8,4, et celui de Kobe de 1995, qui fit plus de 6 000 victimes et 100 milliards d'euros de dégâts, ne dépassait pourtant pas 7,3 de magnitude.

Les anomalies ne s'arrêtent pas là. Un journaliste indépendant du nom de Jim Stone, ancien analyste à la NSA, publie sur son site internet[37] quelques mois après la catastrophe des informations qui contredisent la version officielle de la magnitude 9. Tout d'abord, il signale que les sismographes japonais enregistrèrent initialement un séisme de seulement 6,8, mais c'est l'USGS (U.S. Geological Survey) qui, par la suite, le porta à 7,9 puis à 8,4, puis à 8,8 et enfin à 9,0, et situa l'épicentre en mer. Nous retrouvons le même processus que pour la catastrophe de l'océan Indien.

Or, l'une des cartes que reproduit Jim Stone montre une anomalie de taille par rapport à cette version : la zone terrestre la plus proche de l'épicentre marin déclaré, soit à une quarantaine de kilomètres, n'a subi que 5,63 de magnitude. Le fait que cette valeur soit quasiment la plus faible de toute la carte ajoute encore à l'étonnement. Ainsi, conformément aux enregistrements des Japonais, le chiffre maximum est de 6,67 et se situe en pleine terre, à plus de 150 km de l'épicentre annoncé par l'USGS.

---

37. http://www.jimstonefreelance.com/fukushima1.html

Chapitre 2 : L'Océan

Ce qui est étonnant aussi, c'est que, de passage au Japon, il me fut confirmé que des habitants du Kanto, la province où se situe Fukushima, avaient perçu les secousses du séisme comme pour aucun autre auparavant. Cela confirmerait que l'épicentre était terrestre ou très proche de la côte et ne pouvait déclencher un tsunami dans cette direction, mais la puissance du tremblement de terre serait alors logiquement supérieure à 7, ce qui ne correspondrait pas aux enregistrements initiaux.

En résumé, les données présentent les caractéristiques d'un séisme avec un épicentre terrestre et une magnitude maximum de 7, ce qui est totalement cohérent avec les observations physiques, dont les dommages constatés. C'est pourquoi aussi il n'y eut pas d'alerte préventive au tsunami, malgré le réseau de détection perfectionné du Japon, à base de sismomètres et de tsunomètres. Ces derniers n'avaient effectivement rien ou quasiment rien à déceler à partir du moment où le tremblement de terre ne se produisait pas en mer.

D'ailleurs, si l'alerte avait été donnée à temps, ainsi que le système a été conçu, le bilan humain serait largement moins lourd, car les habitants auraient eu le temps de fuir ce tsunami qui fit autour de 20 000 victimes et des dégâts considérables.

S'il a bien été déclenché artificiellement, il reste à savoir comment, par qui et pourquoi. En ce qui concerne le « comment », nous en parlerons dans le chapitre suivant, à la rubrique traitant des tremblements de terre. Quant aux « par qui » et « pourquoi », nous ne nous aventurerons évidemment pas sur ce terrain. Les lecteurs peuvent néanmoins se reporter à l'article de Jim Stone, qui verse aux débats une anomalie supplémentaire : l'explosion du réacteur n° 4 de la centrale nucléaire, qui, techniquement, n'aurait pas dû se produire, d'autant plus qu'il n'était pas opérationnel – les seules explications possibles sont que de l'hydrogène provenant du réacteur n° 3 se serait emmagasiné à l'intérieur de ce réacteur avant d'exploser, mais cela paraît peu convaincant étant donné l'importance des dégâts. Il y a d'ailleurs d'autres zones d'ombre troublantes autour de cette catastrophe, mais en parler nous éloignerait de notre sujet.

Quoi qu'il en soit, ce tsunami prouve que, si effectivement ce jour-là au pays du Soleil-Levant le tremblement de terre fut d'une magnitude inférieure à 7 avec un épicentre terrestre, « l'arme tsunami » a donc définitivement été achevée depuis les lointains prémices du Projet Seal de la Seconde Guerre mondiale. Et elle ne nécessiterait plus alors de tremblement de terre pour être déclenchée. Sauf pour le maquillage de l'opération. Rappelons en effet que la convention Enmod interdit d'utiliser l'arme environnementale contre un État partie, ce qu'est le Japon depuis le 9 juin 1982. Or, un tsunami qui se déclencherait sans cause réelle apparente deviendrait trop voyant. Mieux vaut générer un tremblement de terre avant, ou profiter d'un séisme... naturel.

Mais encore ?

Comme les deux tsunamis les plus meurtriers de ce siècle présentent les caractéristiques d'un déclenchement artificiel, faut-il en conclure de même pour les autres ? En fait, non, car ils semblent bien être consécutifs à des séismes correspondant aux mouvements normaux des plaques tectoniques et de l'énergie de la Terre.

D'ailleurs, ce qui pourrait confirmer qu'il y a encore des tremblements de terre et des tsunamis naturels, et, *a contrario*, des déclenchements artificiels, c'est le séisme du 28 mars 2005, justement au large de Sumatra. Il partage le même épicentre dans l'océan Indien que la catastrophe du 26 décembre précédent, soit trois mois plus tôt. D'une puissance de 8,7, il est nettement inférieur à ce que déclara le NOAA pour son prédécesseur, entre 9,1 et 9,3. Pourtant, lui fit s'effondrer des milliers d'immeubles en Indonésie, avec des effets ressentis jusqu'en Thaïlande.

Autre différence, il y eut bien le déclenchement d'un tsunami, mais de très faible puissance et sans danger. C'est normal, car les conditions habituelles de cette région font que le mouvement des plaques tectoniques et les séismes en découlant ne déclenchent pas de tsunamis meurtriers, comme nous l'avons indiqué ci-dessus.

C'est d'ailleurs ce qui se produit de nouveau dans cette zone le 11 avril 2012, avec deux tremblements de terre pourtant exceptionnels le même jour, de magnitude respectivement 8,6 et 8,2, mais, sans surprise et heureusement, avec aucun tsunami à déplorer.

Le choc en retour de Vladimir Poutine
Un mois après le discours annuel sur l'État de l'Union adressé au Congrès par Donald Trump, son homologue russe prononce l'équivalent devant l'Assemblée fédérale russe le 1er mars 2018. Il parle de l'économie, de l'éducation, de la santé... puis il aborde les questions militaires. Après avoir expliqué les efforts vains pendant des années pour convaincre les Américains de ré-intégrer le traité ABM (Anti-Balistic Missile) signé en 1972 mais abandonné unilatéralement par l'Administration Bush en 2002, Vladimir Poutine présente de nouvelles armes développées secrètement, dont des missiles hypersoniques, la voie choisie en conséquence du retrait des États-Unis. Personne en Occident ne pensait que la Russie en était à ce stade de développement, qui rend caduc l'Examen de la posture nucléaire publié par le Département de la Défense quelques jours auparavant et, globalement, une bonne partie de la doctrine de Défense nationale et de l'arsenal militaire.

Parmi les nouveaux systèmes exposés, qui constituent clairement une rupture à tous les niveaux – stratégiques, tactiques, techniques... –, mais sortent du champ de ce livre, l'un, en revanche, a retenu notre attention. En effet, le président russe explique qu'ils ont développé des drones sous-marins intercontinentaux pouvant se déplacer silencieusement à des vitesses et des profondeurs surpassant tout ce qui existe aujourd'hui, que ce soit des sous-marins ou des torpilles, voire des bâtiments de surface. Ces submersibles peuvent emporter des ogives conventionnelles ou nucléaires de cent mégatonnes, ce qui permettrait de déclencher un **tsunami radioactif** de 500 m de haut au large de n'importe quelle côte océanique. Peut-on imaginer le pouvoir de destruction et les effets à long terme d'un tel raz-de-marée nucléaire ?

Ne serait-ce pas une bonne idée pour l'Otan d'aller déclencher une guerre contre la Russie, puisque plusieurs de ses membres sont bordés par une mer ou un océan ?

Nous savons désormais que l'océan peut se révéler une arme environnementale décisive. Étudions maintenant ce qu'il en est de la Terre.

Chapitre 3

La Terre

En avril 1997, lors d'une conférence à l'Université de Géorgie sur les armes de destruction massive, le secrétaire d'État à la Défense William Cohen déclare :

> Les autres sont même engagés dans un écotype de terrorisme grâce auquel ils peuvent altérer le climat, déclencher à distance des tremblements de terre, des éruptions volcaniques en utilisant des ondes électromagnétiques. Donc il y a beaucoup d'esprits ingénieux à l'extérieur travaillant sur les moyens de jeter la terreur sur les autres nations. Tout ceci est réel, et c'est la raison pour laquelle nous devons intensifier nos efforts, et c'est pourquoi c'est si important.

Il est logique d'en déduire que les militaires des États-Unis et leurs équipes de scientifiques se sont dès lors activé sur ces programmes d'arme environnementale, bien qu'ils n'aient pas eu besoin de la stimulation de leur ministre pour s'y mettre, ainsi que nous avons commencé à le présenter. D'ailleurs, la déclaration de William Cohen ressemble plus à une justification a posteriori de ce qu'ils sont en train de développer qu'à une découverte nouvelle.

C'est ce que nous allons présenter dans ce chapitre. Nous en profiterons aussi pour rechercher les informations disponibles sur les programmes des « autres », dont on comprend aisément de qui il s'agit dans le contexte de la guerre froide.

I. Les tremblements de terre

Un siècle d'avance

Aussi incroyable que cela puisse paraître, le premier tremblement de terre artificiel a sans doute été déclenché au... XIXe siècle. Un article du *New York World-Telegram* du 11 juillet 1935 relate en effet que Nikola Tesla, alors âgé de 79 ans, a invité une vingtaine de journalistes pour son anniversaire et leur a fait une révélation sensationnelle. Voici comment l'article la relate :

> Le séisme, qui a fait venir la police et des ambulances dans les environs de son laboratoire situé au 48 E. Houston St., en 1887 ou 1888, était le résultat d'une petite machine qu'il était en train d'expérimenter et que « vous pouviez mettre dans votre poche d'imperméable ».

Le journaliste rapporte que lui et ses confrères sont abasourdis, et « sautent sur l'occasion » d'écouter ce que « le père de l'électricité moderne » tient à leur raconter :

> Je faisais des expériences sur les vibrations. Une de mes machines était en état de marche et je voulais voir si je pouvais entrer en résonance avec la vibration de l'immeuble. J'augmentais progressivement d'un cran après l'autre. Retentit le son particulier d'un craquement.

> Je demandais à mes assistants d'où il provenait. Ils ne savaient pas. J'augmentais le réglage de quelques crans supplémentaires. On entendit un craquement encore plus fort. Je savais que j'approchais de la vibration du building d'acier. Je poussais la machine un petit peu plus haut.

> Soudain, toutes les lourdes machines autour de nous se mirent à voler. Je saisis un marteau et cassai la machine. Le building se serait écroulé avec quelques minutes de vibrations de plus. Dans la rue régnait un désordre indescriptible. La police et les ambulances arrivaient. Je demandai à mes assistants de ne rien dire. Nous racontâmes à la police qu'il s'agissait sans doute d'un séisme. C'est tout ce qu'ils apprirent sur le sujet.

Puis un reporter interroge Nikola Tesla sur ce dont il aurait besoin pour détruire l'Empire State Building :

> 2,5 kg de pression d'air. Si j'attache la bonne machine oscillatoire sur un support qui constitue toute la force, je n'aurais besoin que de 2,5 kg. La vibration fera tout. Il serait seulement nécessaire d'augmenter les vibrations de la machine pour l'aligner sur la vibration naturelle du building, et il s'écroulerait. C'est pour cette raison que les soldats rompent le pas lorsqu'ils traversent un pont.

Il termine en expliquant que l'invention de sa machine « Terre vibrante » provient de ses premières expériences dans le domaine de la vibration.

Ces révélations amènent le journaliste du *New York American*, qui assiste aussi à l'anniversaire, à titrer son article : *Les séismes contrôlés de Tesla*.

Nikola Tesla meurt huit ans après la publication de ces articles, le 7 janvier 1943, oublié de tous ou presque. Il laisse plus de 900 brevets, mais ses documents et notes de recherche sont saisis par le gouvernement et « mis sous clé ». Aucune machine n'est retrouvée, dit-on, en tout cas pas la machine Terre vibrante. Rien n'est moins sûr, mais nous y reviendrons.

Quoi qu'il en soit, l'obsession des militaires pour le déclenchement de séismes artificiels ne se dément pas au fil des ans. Il est aisé de comprendre pourquoi.

Sus aux Japonais

Quelques mois avant la mort de N. Tesla et après leur entrée dans la Seconde Guerre mondiale, les États-Unis créent en juin 1942 l'Office of Strategic Services (OSS). Cette agence de renseignement a pour objectif de collecter des informations et conduire des actions « clandestines » et « non ordonnées » par d'autres organismes. Elle cède la place à la CIA à la fin de 1945.

Le 21 janvier 2004 est déclassifié un document secret élaboré par l'OSS, qui ne porte aucune indication ni d'auteur ni de destinataire. Son titre : *Psychological Warfare Earthquake Plan Against Japanese Homeland*.[38] Il n'est pas daté non plus, mais sa lecture permet de le situer pendant l'invasion d'Okinawa, qui commence le 1er avril 1945 et se termine le 22 juin 1945, car l'issue de cette bataille n'est pas encore connue dans le document. Il est même postérieur au 7 avril, car il y est fait référence au Premier ministre Kantaro Suzuki, précédemment amiral de la marine japonaise, qui est nommé à cette fonction ce jour-là.

En introduction, le rédacteur s'appuie sur un article récent intitulé *Mass Hysteria in Japan*, publié dans la *Far Eastern Survey* de l'*American Council of the Institute of Pacific Relations*, écrit par E. Herbert Norman, « une autorité reconnue sur le Japon et auteur de *Japan's Emergence as a Modern State* ». Il décrit la société japonaise comme « malade » et conclut qu'en développant une opération de guerre psychologique basée sur le déclenchement d'un tremblement de terre, la panique s'emparerait de la population et accélérerait la fin de la guerre :

> Ceci pourrait être accompli par une campagne stratégique de grande ampleur dans laquelle nous lierions la destruction par la guerre réelle à celle par les forces de la Nature. Une telle campagne de guerre psychologique serait organisée pour montrer que par le bombardement scientifique du Japon, nous avons l'intention d'utiliser les forces de la Nature pour intensifier leur annihilation. (sic).

L'auteur pose ensuite la question essentielle : « Est-ce possible ? » Il indique que N. M. Hecht, directeur assistant du U.S. Coast and Geodetic Survey,[39] y a partiellement répondu dans *Japanese Earthquakes From the Military Viewpoint* : il faut lourdement bombarder des zones sismiques spécifiques. « Où et quand délivrer ce message explosif (à l'heure la plus adéquate) reste le nœud du problème. »

---

38. *Plan de guerre psychologique à partir d'un séisme contre le territoire japonais.*
39. Une ancienne agence fédérale, en charge, entre autres, de la réalisation des cartes.

Chapitre 3 : La Terre

La réponse est apportée par un professeur du Laboratoire de séismologie de l'Université de Californie, qui confirme que le projet est « plausible » :

> Cette plausibilité est d'ailleurs corroborée par des tests réels menés au Palmer Physical Laboratory.[40] Y ont été étudiées des charges explosives élevées dans le but de mesurer leur effet sur ces conditions de tremblement de terre. Ce sont les résultats de ces études qui ont fait passer la possibilité de déclencher un séisme du domaine de la fantaisie à celui de la plausibilité scientifique.

Finalement, ce « plan diabolique », comme le qualifie lui-même l'auteur à deux reprises, n'est pas mis en œuvre. En effet, ce sont bien des bombes, mais d'un tout autre type, qui vont, quelques semaines plus tard, « intensifier l'annihilation du Japon ».

Ce document de l'OSS est néanmoins d'une importance capitale, car il prouve que l'arme sismique est testée par les militaires états-uniens depuis au minimum l'époque de la Seconde Guerre mondiale.

Il laisse aussi à penser que la machine de Nikola Tesla, fort heureusement, n'est pas tombée entre leurs mains, puisqu'ils disposent alors « seulement » de la bombe pour déclencher des séismes.

Vingt ans après

Même si la Seconde Guerre mondiale est terminée, les militaires n'écartent évidemment pas de leurs recherches une arme environnementale qui pourrait s'avérer tant dévastatrice. C'est ce que nous confirme le Pr MacDonald en 1968, dans *Unless Peace Comes*, que nous avons déjà cité :

> Le contrôle des tremblements de terre appartient à un futur bien plus lointain que leur prédiction, encore que deux techniques aient été suggérées à la suite d'expériences récentes :
>
> Au cours des essais nucléaires souterrains au centre d'essais du Nevada, on a observé qu'une explosion libérait apparem-

---
40. Il s'agit sans doute de celui de l'Université de Princeton.

ment une tension locale dans la terre. On pense que la rapide accumulation de tension due à la libération soudaine d'énergie par une explosion décharge l'énergie de tension sur un volume considérable de matière.

Une autre méthode pour libérer l'énergie de tension est apparue au cours d'un pompage d'eaux souterraines dans le voisinage de Denver, Colorado, où cette opération a provoqué une série de petits tremblements de terre. Ici l'hypothèse est que l'eau souterraine a fourni une lubrification locale qui permet à des blocs adjacents de glisser l'un sur l'autre.

L'utilisation de l'énergie de tension à l'intérieur de la terre comme arme de guerre demande un mécanisme de déclenchement efficace. Un système de pompage d'eau paraît grossier, et facilement détectable. En revanche, si le réseau des tensions dans la croûte peut être déterminé avec précision, on peut envisager de libérer, à plusieurs reprises ou en une seule fois, de l'énergie provenant de petites failles, afin d'« amorcer » une grande faille située à une certaine distance. Cette décharge calculée pourrait être provoquée par de petites explosions, et il serait ainsi possible d'utiliser la libération d'énergie emmagasinée dans les petites failles pour déclencher le processus dans la grande faille.

Par exemple, la zone de failles de San Andreas, qui passe près de Los Angeles et de San Francisco, fait partie de la grande ceinture sismique qui fait le tour du Pacifique. Une bonne connaissance de la tension régnant dans cette ceinture pourrait permettre la mise en branle de la zone de San Andreas au moyen d'explosions calculées dans la mer de Chine et des Philippines.[41]

---

41. Le traducteur a écrit « la mer de Chine et des Philippines » comme s'il s'agissait d'une seule mer, mais elles sont deux : la mer de Chine méridionale, d'une part, et la mer des Philippines, d'autre part. Le lecteur aura peut-être rectifié de lui-même.

> Contrairement à certaines opérations météorologiques, il paraît peu probable qu'une telle attaque puisse se faire clandestinement, sous l'apparence d'un tremblement de terre naturel.[42]

Ce texte a plus de cinquante ans, beaucoup d'eau a coulé depuis sous les ponts, et les laboratoires de recherches militaires ont développé de nouveaux systèmes d'armes permettant de déclencher des séismes autrement que par le pompage d'eaux souterraines. C'est l'objet de cette partie.

Pour répondre au Pr MacDonald, les Russes et les Chinois n'ont plus besoin de « calculer » des explosions « dans la mer de Chine et des Philippines » pour viser les États-Unis, car les capitalistes nord-américains s'en occupent parfaitement eux-mêmes :

> Un tremblement de terre de magnitude 5,6 a secoué l'Oklahoma samedi [3 septembre 2016], à égalité avec le plus fort tremblement de terre jamais enregistré dans l'État. Il y a fort à parier qu'elle a été déclenchée par des opérations de fracturation, en particulier l'injection sous la surface des eaux usées de fracturation […].
>
> Le United States Geological Survey vient de produire pour 2016 une prévision des risques sismiques pour le centre et l'est des États-Unis qui comprend les tremblements de terre naturels et induits. Bien que presque tous ceux provoqués ou déclenchés par la fracturation soient de faible magnitude – moins de 3, ce qui ne peut être ressenti par la plupart des gens – suffisamment sont au-dessus de 3 pour que l'USGS prévoie une probabilité de 5 % à 17 % de dommages importants aux maisons et aux structures en 2016 pour les régions du centre-nord de l'Oklahoma et du sud du Kansas, où se produit la fracturation. On peut supposer que cette situation se poursuivra chaque année tant que le taux de fracturation se maintiendra à un niveau proche du taux actuel. […].

---

42. *Comment détraquer la Nature*, Gordon J. F. MacDonald, dans *Les Armements modernes*, Nigel Calder, Flammarion, 1970, pp. 204-5.

L'Arme environnementale

> L'augmentation spectaculaire de la fracturation du pétrole et du gaz en Amérique depuis 2006 (figure 2) a provoqué des tremblements de terre fréquents dans des zones qui n'en connaissaient pas beaucoup dans le passé. En fait, certaines régions du centre-nord de l'Oklahoma et du sud du Kansas sont maintenant exposées à des risques sismiques liés à la fracturation qui sont semblables à ceux de parties de la Californie où les tremblements de terre sont causés par des forces tectoniques naturelles comme les collisions de plaques et le volcanisme [...].[43]

Sauf que la fracturation est également importante en Californie, malgré la zone de failles de San Andreas et une région à hauts risques sismiques. Qui doute encore que le capitalisme provoquera sa propre perte (et la nôtre, si nous laissons faire) ?

La France souffle le chaud et le froid

Notre pays effectua plus de deux cents essais nucléaires, d'abord au Sahara en 1960, puis en Polynésie, sur les atolls de Moruroa[44] et Fangataufa, de 1966 à 1996. Il est difficile d'affirmer que ces essais ont déclenché des séismes, car l'ouest du Pacifique Sud est de toute façon une zone sismique majeure, là où se rencontrent les plaques australienne et du Pacifique.

Ainsi, le Pérou rompt ses relations diplomatiques avec la France du 23 juillet 1973 au 10 août 1975, à l'annonce de nouveaux essais nucléaires atmosphériques. En effet, ce pays considère que les essais de 1971, notamment celui du 4 juillet, d'une puissance de 9 kilotonnes, sont responsables du tremblement de terre survenu dans les Andes à cette époque.[45]

---

43. *Thanks To Fracking, Earthquake Hazards In Parts Of Oklahoma Now Comparable To California*, James Conca, *Forbes*, 7/09/2016.
44. Qui s'écrit aussi « Mururoa ».
45. Source : *Rapport sur les incidences environnementales et sanitaires des essais nucléaires effectués par la France entre 1960 et 1996 et éléments de comparaison avec les essais des autres puissances nucléaires*, par Christian Bataille, député, et Henri Revol, sénateur ; février 2001.

Qu'ils en soient la cause ou non, ils n'ont évidemment pas contribué à améliorer l'équilibre géologique de cette partie instable de la planète. Ainsi, le Pr Peter Wille rapporte dans son article *Surveillance hydroacoustique des océans de la planète*[46] que

> lorsque la France déclencha le 27 octobre 1995 un essai nucléaire souterrain profond sur son site de l'atoll de Mururoa, l'explosion se répandit à travers tout le Pacifique. Environ 75 minutes plus tard, elle fut enregistrée sur la côte californienne, distante de 6 600 km.

En surface, cela correspond à une vitesse de plus de 5 200 km/h. Pourtant, cet essai ne fut pas le plus puissant puisqu'il représentait moins de 60 kilotonnes de TNT, contre 120 kt pour le 210e et dernier, déclenché le 27 janvier 1996.

Dans le total des essais nucléaires ne sont pas comptabilisés les « tirs froids », appelés aussi « tirs sous-critiques », qui sont conçus pour tester l'arme nucléaire mais sans déclencher la réaction en chaîne. C'est dans la commune de Pontfaverger-Moronvilliers, dans la Marne, à une vingtaine de kilomètres de Reims et cent cinquante de Paris, que le Commissariat à l'énergie atomique installe en 1957 son centre de tirs, afin que la bombe atomique puisse être testée dans le plus grand secret. Près de soixante tirs auraient été effectués en cuve et cent vingt à l'air libre.[47]

Nous ne disposons pas des dates où ils ont été réalisés, mais ils pourraient être la cause ou, au minimum, avoir contribué au déclenchement des tremblements de terre dans les Vosges du 22 février 2003 (magnitude de 5,4) et du lendemain dans le nord du massif du Jura (magnitude de 5,1). En effet, nous n'avons trouvé trace d'aucun séisme dans le Jura dans les archives qui remontent jusqu'au Moyen Âge, et un seul pour les Vosges avant 1957 (en 1735). Il s'est encore produit un autre séisme dans cette région en 1984, qui pourrait lui aussi être lié aux essais nucléaires.

---

46. *Hydroakustische Überwachung der Weltmeere*, Prof. Peter Wille, *Spektrum der Wissenschaft*, 01/08/1997.
47. *Moronvilliers, un territoire sacrifié de plus*, Elodie Bessé, *The Dissident*, 30 octobre 2013, http://the-dissident.eu/2579/moronvilliers-territoire-sacrifie/

Signalons qu'après les séismes en France des 22 et 23 février, le Xinjiang, région à l'ouest de la Chine, est frappé le 24 février par un tremblement de terre d'une magnitude de 6,8. Il fait près de trois cents morts et détruit vingt mille maisons et plus de cinq cents écoles. Il est impossible d'affirmer le lien de cause à effet entre ces phénomènes, mais la probabilité n'est pas nulle.

Le centre de tir de Pontfaverger-Moronvilliers est fermé en 2013 pour être déplacé dans la région de Dijon. Cela pose un problème sérieux de santé publique et d'environnement, car des substances radioactives ont été répandues dans la nature pendant plus de cinquante ans, sans parler de l'enfouissement des déchets nucléaires, dont, apparemment, toutes les garanties de sécurité n'ont pas été apportées aux habitants de la zone.[48] Ce ne serait qu'une confirmation supplémentaire que les militaires ne se préoccupent pas des populations qu'ils sont censés pourtant protéger.

Tir aux îles Aléoutiennes

Nous avons vu dans le chapitre précédent que John F. Kennedy avait interdit aux militaires de construire un centre de tests nucléaires souterrains à Amchitka, compte tenu de la proximité géographique de l'Union soviétique. Ils passent outre peu de temps après sa mort.

Trois détonations nucléaires sont effectuées le 29 octobre 1965 (Long Shot), le 2 octobre 1969 (Milrow) et le 6 novembre 1971 (Cannikin). Cette dernière, d'une puissance de cinq mégatonnes, soit quatre cents fois celle de la bombe d'Hiroshima, est le test nucléaire souterrain le plus important de l'histoire des États-Unis. Il provoque un choc sismique correspondant à 7,0 sur l'échelle de Richter, ainsi que la création d'un lac de plus d'1,5 km de large, avec des éboulements et des glissements de terrain. En revanche, les tremblements de terre et les tsunamis prédits par les militants du Don't Make a Wave Committee (future Greenpeace) n'ont pas lieu, bien que plusieurs petits événements tectoniques se produisent dans les

---

48. Cf. Association de défense de l'environnement de Pontfaverger & de sa région, p0ontfaverger-environnement.jimdo.com

Chapitre 3 : La Terre

semaines suivantes (jusqu'à 4,0 sur l'échelle de Richter), sans doute par suite de l'interaction avec les pressions tectoniques locales.[49]

Le projet Faultless, l'opération Julin et les suites

À la même période, exactement le 19 janvier 1968, la Commission à l'énergie atomique des États-Unis fait exploser une bombe nucléaire d'une puissance annoncée entre 200 kt et 1 Mt à une profondeur de 975 m sur le site de la Central Nevada Test Area, afin de

> a) déterminer les effets environnementaux et structurels auxquels on pourrait s'attendre si des essais nucléaires subséquents à plus haut rendement sont effectués dans ce voisinage et b) étudier le comportement et les caractéristiques des signaux sismiques générés par les détonations nucléaires et les différencier des signaux sismiques produits par des séismes d'origine naturelle.[50]

Ainsi, à la fin des années soixante, les militaires savent définitivement que les explosions de bombes nucléaires peuvent déclencher des séismes et que leurs signaux sismiques sont différents de ceux des tremblements de terre naturels. Grâce à l'analyse des secousses enregistrées sur les sismographes, cela permettra de déterminer si les Soviétiques ont réalisé des tests nucléaires souterrains.

Dans le cadre de l'opération Julin, un groupe de sept tests nucléaires est réalisé entre 1991 et 1992, c'est-à-dire avant la signature du Traité d'interdiction complète des essais nucléaires. Ainsi est effectuée le 19 juin 1992 une nouvelle détonation nucléaire souterraine (essai Victoria) sur le Nevada Test Site (NTS), suivie d'une autre quatre jours plus tard (Galena-Green-3). Voici le résultat :

> Une série de séismes de magnitude 7,6 sur l'échelle de Richter a secoué le désert de Mojave à 176 milles [283 km] au sud trois jours après le second test. Seulement vingt-deux heures plus tard, un tremblement de terre « sans lien » de 5,6 a frappé

---

49. https://en.wikipedia.org/wiki/Amchitka.
50. *Volcanic Rocks near Project Faultless, Nye County, Nevada*, J.G. Price and E.M. Price, University of Nevada, Reno.

L'Arme environnementale

à moins de vingt milles [32 km] du NTS. C'était le plus grand tremblement de terre jamais enregistré près du site d'essai. Il a causé des dommages d'un million de dollars aux bâtiments de Yucca Mountain, le site prévu pour le dépôt national de déchets radioactifs de haut niveau. L'installation de Yucca Mountain n'était qu'à quinze milles [24 km] de l'épicentre du tremblement de terre.[51]

Face aux mises en cause et aux inquiétudes exprimées par le public, le département de l'Énergie répond un mois plus tard que la causalité entre les essais nucléaires et les tremblements de terre est « non existante ». De l'art du déni et du mensonge...

De nombreuses études scientifiques témoignent d'une corrélation entre les tests nucléaires et des phénomènes terrestres anormaux, comme le glissement des plaques polaires, parfois avec des conséquences dramatiques. Ainsi, des spécialistes constatent que l'un des séismes les plus meurtriers de l'histoire – entre 250 000 et 650 000 victimes – qui se produit le 28 juillet 1976 à Tangshan, au nord-est de la Chine, est précédé d'un test nucléaire souterrain français dans l'atoll de Mururoa (la puissance annoncée est toutefois nulle), et, surtout, la détonation la veille par les Américains d'une bombe de 58 kt (NTS, essai Billet du 27 juillet 1976, dans le cadre de l'opération Anvil). Il est toutefois impossible d'affirmer qu'il y a un lien de cause à effet direct. Affirmer qu'il n'y en a pas est tout autant impossible.

En face de l'Alaska, les Soviétiques

Parallèlement à son utilisation à des fins militaires, les Américains testent la bombe nucléaire pour des activités civiles, dites « pacifiques », dans le cadre de l'opération Plowshare (vingt-sept essais de 1961 à 1977), par exemple pour creuser des routes, un port artificiel (projet Chariot en Alaska), extraire des schistes bitumineux, etc. Son usage est même envisagé pour élargir le canal de Panama et ouvrir une seconde voie. Heureusement, Plowshare en reste au niveau des essais, ce qui, néanmoins, contamine les zones où se produisent les détonations.

---
51. *Weather Warfare*, Jerry E. Smith, Adventures Unlimited, 2006.

De leur côté, les Soviétiques développent le programme « Explosions nucléaires pour l'économie nationale » (n° 6 et n° 7) entre 1965 et 1989, qui comprend plus de cent cinquante essais nucléaires, dont une quarantaine pour de l'exploration géologique – entre autres pour découvrir de nouveaux gisements de gaz. En conséquence, ils constatent les effets des détonations sur la géologie.

Ainsi, selon Oleg Kalouguine, un ancien général du KGB réfugié aux États-Unis, l'arme atomique est perçue par les militaires soviétiques comme une arme environnementale, dont

> L'objectif était de détruire le Canada, les USA, voire des pays européens. Cette technique de guerre avait un avantage : les tremblements de terre se déclenchaient plusieurs jours après un essai nucléaire, ce qui permettait à l'URSS de mener une guerre de l'ombre.[52]

Marc Filterman relate ensuite que les dirigeants soviétiques développent des projets similaires à ceux de l'opération Plowshare, « de l'aménagement du territoire en quelque sorte » :

> Lors de ces expériences, les sismologues soviétiques constatèrent rapidement que chaque fois que les militaires réalisaient un essai nucléaire souterrain, un tremblement de terre se déclenchait à des centaines ou milliers de kilomètres de la zone d'explosion plusieurs jours après.
>
> Dans la décennie 70, les Russes pratiquèrent trente-deux explosions souterraines afin d'enregistrer les effets sur les plaques tectoniques. Ils envisagèrent ensuite d'utiliser des bombes thermonucléaires afin de déplacer les plaques. En quelque sorte, ils voulaient passer à la mise en application grandeur nature de la première expérience. Mais elle ne fut pas réalisée.
>
> Ces informations figurent également dans un rapport d'Alexei Nikolaiev de l'Institut de géologie de Moscou, après l'explosion d'une bombe sur le site de Semipalatinsk. Quelques jours plus tard, l'Iran, le Kazakhstan, l'Ouzbékistan et le Tadjikistan subissaient des tremblements de terre. Après un autre essai,

---
52. *Les Armes de l'ombre*, Marc Filterman, Carnot, pp. 152-155.

une presqu'île pétrolière soviétique qui n'avait jamais connu le moindre tremblement de terre fut totalement détruite.

A. Nikolaiev démontra que même une explosion de faible intensité pouvait provoquer un séisme jusqu'à 2 000 km de son point d'explosion. Des savants soviétiques rapprochèrent ainsi l'essai thermonucléaire de Novaya Zemlya du séisme qui se produisit en 1988 en Arménie et provoqua 45 000 morts. La distance était de 3 500 km.[53]

Effectivement, il est évoqué que ce tremblement de terre extrêmement meurtrier du 7 décembre 1988 dans la région de Spitak, en Arménie, aurait été déclenché artificiellement pour « calmer » la population. Faisant toujours partie de l'URSS, elle s'oppose alors depuis plusieurs mois au pouvoir de Moscou par des manifestations quasi permanentes comptant jusqu'à plusieurs centaines de milliers d'Arméniens réclamant la démocratie et le rattachement du Haut-Karabagh. Trois universitaires spécialistes en physique et en séismologie publient un rapport en 1993 qui peut susciter des questions quant à l'origine du phénomène. Voici le début de l'introduction :

> Le séisme du 7 décembre 1988 à Spitak, en Arménie, est l'un des plus dévastateurs de ces dernières années. [...]. Malgré sa taille modérée, il a provoqué le plus grand tremblement de terre depuis celui de Tangshan en Chine en 1976. Des ruptures de surface sont marquées sur une distance de 13 km dans la région épicentrale. [...].
>
> Les ondes télésismiques de longue période présentent des formes d'onde complexes, nettement plus complexes que celles que l'on observe normalement pour un événement de cette ampleur.[54]

---

53. Selon le Pr Aleksey Vsevolodovich Nikolayev, c'est plutôt l'essai réalisé à Semipalatinsk (Kazakhstan) qu'il faudrait prendre en compte dans ce cas. Il eut lieu quelques jours avant la catastrophe. Cf. *JPRS Report, Science & Technology, Central Eurasia, Earth Sciences*, 3 octobre 1992, p. 8.
54. *Source Complexity of the 1988 Armenian Earthquake: Evidence for a Slow After-Slip Event*, Masayuki Kikuchi, Hiroo Kanamori, Kenji Satake, *Journal of Geophysical Research*, vol. 98, no. b9, pages 15,797-15,808, 10 septembre 1993.

Ce texte donne à penser que ce déclenchement fut artificiel, malgré que rien dans l'étude ne le confirme. Il est possible cependant qu'un test nucléaire en soit la cause. Envisager qu'il ait été effectué pour produire ce séisme en Arménie quelques jours plus tard afin de mater la révolte reviendrait à considérer que les Soviétiques maîtrisaient suffisamment ces techniques dès cette époque pour savoir que telle explosion atomique à tel endroit déclencherait une catastrophe en tel autre lieu précisément (et pas chez le voisin) quelques jours plus tard. Cela ne nous paraît pas devoir être totalement exclu.

Générateur MHD pour micro-séisme
Un générateur MHD (magnétohydrodynamique) transforme l'énergie cinétique d'un fluide conducteur directement en électricité. Voici ce qu'en dit sur son site le physicien Jean-Pierre Petit, expert en matière de MHD[55] :

> La technique permet d'agir dans les couches profondes du sol avec des ondes électromagnétiques. Les Russes avaient construit un énorme générateur appelé « Pamir » dans les années soixante-dix, dont j'avais vu des photos en 1983 à Chicago, lors d'un congrès de MHD, qui pouvait être transformé sur un gros camion. C'était une des n variantes du générateur de Sakharov, à compression de flux. Celui-ci avait la forme d'une boîte de camembert de six mètres de diamètre. Ces générateurs, dont on sut par la suite qu'ils équipaient les canons électromagnétiques installés au sol par les Russes, s'appellent également des générateurs de Pavloski. Leur fonctionnement, par « compression de flux » est analogue au système MK1 de Sakharov, que tout le monde commence à connaître maintenant. On met à feu, au centre, un explosif chimique qui interagit avec un puissant solénoïde […].

> Ce système « permettait de faire circuler de forts courants électriques dans le sol ». Officiellement, le dispositif était présenté comme un système d'analyse de la situation d'un terrain en

---
55. www.jp-petit.org/Divers/Armes_sismiques/Armes_sismiques1.htm

mesurant sur de grandes distances et à grande profondeur la conductivité électrique du sol. On sait maintenant qu'une variation de cette conductivité est le signe de l'imminence d'un tremblement de terre. J'avais discuté en 1983 à Chicago avec les responsables russes de ce projet, anciens élèves de Vélikhov, lui-même élève de Sakharov. Je réalise aujourd'hui qu'un tel système pouvait permettre non seulement d'étudier la situation pré-sismique d'un terrain mais, éventuellement, de déclencher le séisme. Ainsi « l'étude géophysique » constituait-elle le « projet-écran » cachant la véritable finalité de cette technologie, inimaginable par un non-spécialiste.

Physiquement parlant, ces systèmes permettent des transferts d'énergie. L'énergie de départ reste celle de l'explosif qui alimente le générateur Pamir. Ce système permet de transporter, par ce biais des ondes électromagnétiques, une part de cette énergie à grande profondeur. Si la faille n'est pas prête à céder, il faudrait une énergie importante pour déclencher le séisme. Le système, utilisé avec modération, peut permettre de tester le terrain, un peu comme quand vous donnez de légères impulsions sur un blocs en équilibre pour voir s'il est prêt à glisser dans un ravin. Des militaires-géophysiciens peuvent ainsi localiser en secret de par le monde, dans des territoires potentiellement « hostiles » ou « devant être mis au pas » des « régions sensibles » où une action plus musclée pourrait déclencher un séisme dévastateur.

Jean-Pierre Petit ajoute un schéma pour illustrer le principe :

Contrairement à sa conclusion, même si le Pamir peut déclencher un séisme, il paraît difficile de s'en servir « pour localiser en secret de par le monde » : en effet, ce matériel n'est pas exactement discret, puisqu'il faut le transporter, puis le déclencher, alors qu'il a la puissance d'un mini-réacteur nucléaire. Comment le déplacer en toute discrétion dans un pays hostile ?

De plus, il existe des techniques bien plus puissantes pouvant être mises en action dans le plus grand secret. N'y a-t-il pas là de quoi ravir les militaires plutôt qu'un Pamir encombrant ?

Boules de lumière dans le ciel

Cité dans le paragraphe précédent, le séisme de Tangshan, ville d'un million d'habitants dans la province du Hebei, au nord-est de la Chine, se produit le 28 juillet 1976 à 3 h 52 du matin. C'est l'un des plus meurtriers de l'Histoire : le bilan officiel est d'environ 250 000 morts, bien que des sources en totalisent jusqu'à trois fois plus. Le gouvernement chinois évalue la magnitude entre 7,6 et 7,8 sur l'échelle de Richter, ce qui paraît peu eu égard au nombre de victimes. Le Dr Rosalie Bertell rapporte ceci :

> Il fut précédé par une luminescence considérée comme causée par le dispositif de réchauffement ionosphérique soviétique. [205] Le 23 septembre 1977, le *Washington Post* mentionna une étrange boule de lumière, semblable à une étoile, qui fut vue au-dessus de Petrozavodsk. Un effet de rougeoiement identique fut signalé au-dessus du Midwest américain le 23 septembre 1993, lors de crues désastreuses. Au même moment, il fut rapporté la lueur d'un éclair s'élevant au-dessus des nuages dans l'atmosphère. Cela fut considéré comme un nouveau phénomène géophysique, car les éclairs se déplacent normalement d'un nuage à l'autre ou vers la terre.[206] [56]

---

56. *La Planète Terre, ultime arme de guerre*, Tome 1, Dr Rosalie Bertell, Talma Studios, 2018, p. 186. Note 205 : Ces deux événements, qui coïncidèrent, furent décrits par la suite dans le *New York Times* du 5 juin 1977. Note 206 : Selon le Pr Gordon F. McDonald, directeur adjoint de l'Institut de géophysique et de physique planétaire à l'université de Californie, Los Angeles, et membre du Comité consultatif présidentiel américain pour les sciences, 1966.

Il est impossible d'affirmer un lien entre ces manifestations physiques étranges et les séismes ou les autres catastrophes constatés au même moment, mais leur concomitance ne peut que jeter la suspicion sur des armes environnementales dont disposeraient les militaires.

Boules de feu en Australie

D'autant plus que ces phénomènes sont multiples et constatés depuis plusieurs décennies, ainsi que le souligne le Dr Rosalie Bertell :

> Depuis mai 1993 ont été observées en Australie des milliers de fois ces boules de feu aériennes accompagnées d'émissions d'énergie lumineuse. Un de ces événements a été constaté à Perth par environ 500 000 personnes, réveillées brusquement par la violence de l'explosion d'une onde sismique. Ces événements ne furent que peu couverts par les médias internationaux, et on expliqua chaque fois localement que des météorites en étaient la cause. Pourtant, elles ne se déplacent pas à une vitesse aussi lente que celle observée et ne poursuivent pas une trajectoire en forme d'arc. De plus, un tel impact laisse un cratère, et l'on peut recueillir des débris. Aucun cratère, aucun débris ne fut retrouvé. Les trajectoires estimées de ces boules de feu passent à proximité de quatre complexes militaires : Showa et Mizuho au Japon, Molodezhnaya et Novolazarevskaya en Russie. On suspecte la péninsule du Kamtchatka, en Sibérie, d'abriter l'un des complexes, parmi d'autres dans le monde, de transmission des armes électromagnétiques de l'ancienne Union soviétique. C'est au-dessus de la péninsule du Kamtchatka qu'un avion commercial de la PanAm, qui était peut-être en train d'espionner, fut abattu par les Russes le 31 août 1983.

Le Sénat américain déclencha une enquête sur les événements de mai en Australie-Occidentale et prit très au sérieux la théorie selon laquelle la Russie, connue pour avoir étudié les données de la physique de Tesla, testait une nouvelle super-arme capable de déclencher des tremblements de Terre à un hémisphère de distance. Le Dr Rosalie Bertell poursuit ainsi :

> Certains journalistes d'investigation japonais et des chercheurs américains et australiens croient également que les Russes possèdent des armes de type Tesla depuis 1963.[143] Les membres du Sénat consultèrent les U.S. Incorporated Research Institutions for Seismology (IRIS) : tandis que ces derniers acceptaient l'idée que l'événement de la boule de feu était un acte clandestin, les sénateurs conclurent qu'il s'agissait probablement de la chute d'une météorite. L'IRIS décida cependant de poursuivre l'enquête. D'autres scientifiques américains pensèrent que la boule de feu était un « bouclier Tesla », faisant partie d'un système de défense par missiles antibalistiques.[57]

Des ondes mystérieuses

Les boules de feu et de lumière ne sont pas les seuls phénomènes physiques étranges liés à des catastrophes naturelles recensés par le Dr Rosalie Bertell :

> Le 12 septembre 1989, les magnétomètres de Corralitos (près de la baie de Monterey, en Californie) détectèrent des ondes aux fréquences inhabituelles, entre 0,01 et 10 Hz, la gamme d'ondes ELF la plus basse. Elles s'élevèrent jusqu'à environ trente fois leur intensité d'origine et s'éteignirent le 5 octobre 1989. Le 17, elles réapparurent soudainement à 14 h 00, heure locale, et envoyèrent des signaux si puissants qu'ils dépassèrent l'échelle du magnétomètre. Trois heures plus tard avait lieu le tremblement de terre de San Francisco. Le 29 mars 1992, le *Washington Times* rapporta que « les satellites et les capteurs au sol avaient détecté des ondes radio mystérieuses ou relatives à une activité électrique et magnétique avant les grands séismes du sud de la Californie de 1986-87, de l'Arménie en 1988, du Japon et du nord de la Californie en 1989 ». Le trem-

---

57. *La Planète Terre, ultime arme de guerre*, Tome 1, Dr Rosalie Bertell, Talma Studios, 2018, pp. 139-40.
Note 143 : *Tremorous night of the death ray*, New Zealand Herald, 25 janvier 1997.

blement de terre du 17 janvier 1994 à Los Angeles fut également précédé d'ondes radio inhabituelles et de deux bangs supersoniques. Ces « coïncidences » étranges n'ont jamais trouvé d'explication satisfaisante.

Certains séismes récents furent très différents de ce qu'on appelle un tremblement de terre « typique ». Généralement, ils se produisent à 20 ou 25 km au-dessous du niveau de la mer.[58] Pourtant, celui qui dévasta la Bolivie le 8 juin 1994 se produisit à 600 km en dessous de la surface.

Ce tremblement de terre, d'une énorme magnitude de 8,2, est le plus important des cinquante années précédentes et se produit effectivement à une profondeur estimée à plus de 640 km, ce qui fait que, selon les théories scientifiques alors en cours, il n'aurait pas dû exister. Son bilan est faible cependant, car il s'agit d'une zone peu peuplée. Notons toutefois que ce n'est pas le seul tremblement de terre à une telle profondeur. Par exemple, celui du 10 janvier 2017 au large de Mindanao, la deuxième plus grande île des Philippines, est estimé à 627 km en dessous de la surface de la terre, avec une magnitude de 7,3, heureusement sans victime.

Le Dr Rosalie Bertell conclut ainsi son exposé sur le sujet :

> Bien qu'il y ait toujours eu, de façon périodique, des tremblements de terre sur notre planète, leur nombre s'est accru ces dernières années. Beaucoup de données que nous aimerions avoir pour chacun ne sont pas disponibles, car de nombreuses régions du monde ne sont pas équipées des appareils sensibles nécessaires. Il semble toutefois fort probable que certains séismes aient été le résultat d'une activité humaine et non des forces naturelles.[59]

Cette conclusion ne fait guère de doute, ainsi que nous allons continuer de l'étudier, d'autant plus que de nouveaux systèmes font leur apparition à la fin du XXe siècle, et qu'ils ont indubitablement des fonctions d'arme environnementale.

---

58. *Science News*, 18 juin 1994.
59. *La Planète Terre, ultime arme de guerre*, Tome 1, Dr Rosalie Bertell, pp. 186-7.

Chapitre 3 : La Terre

Israël dans le désert du Neguev

Malgré l'apparition de ce qui semble des techniques nouvelles de déclenchement artificiels de séismes, les explosions continuent d'être utilisées pour la réalisation de tests. Ainsi, en août 2009, la branche Séismologie de l'Institut de géophysique d'Israël provoque une détonation contrôlée de quatre-vingt tonnes d'explosifs dans le désert du Neguev, triangle de 13 000 km^2 au sud du pays, afin de produire l'équivalent d'un tremblement de terre de puissance 3,0 sur l'échelle de Richter.

L'objectif de cette opération, réalisée en partenariat avec l'université d'Hawaï, est de générer des ondes acoustiques dans l'atmosphère et de les mesurer. Plusieurs pays européens, dont la France, l'Allemagne, les Pays-Bas, la Grèce, Chypre... participent aux analyses.

Bien qu'elle soit financée par le département de la Défense des États-Unis, cette expérience ne comporte, officiellement, aucune application militaire. Il est difficile de le croire, sachant que l'Iran est proche et régulièrement victime de tremblements de terre « naturels ».

The Jerusalem Post nous apprend d'ailleurs que des essais similaires ont été effectués en 2004 et 2005, mais avec des puissances explosives inférieures.[60]

Le déclenchement de tremblements de terre artificiels n'est donc pas l'apanage des États-Unis.

Quand les Nord-Coréens pointent leurs bombes

L'essai nucléaire du 6 janvier 2016 prouve de nouveau les répercussions des explosions sur le sous-sol, comme s'il s'agissait de tremblements de terre : il génère un séisme d'une magnitude de 4,85 dans la péninsule et présente « un caractère artificiel », selon l'Agence météorologique sud-coréenne. Aucune confusion n'est possible, compte tenu d'une part de l'annonce de l'essai par les autorités nord-coréennes et, d'autre part, du fait que l'enregistrement

---

60. *Scientists Simulate 3.0 Earthquake In Negev*, Ehud Zion Waldoks, *The Jerusalem Post*, 26/08/2009.

L'Arme environnementale

des données montre que l'épicentre se situe à proximité du centre d'essais nucléaires.

Ce n'est pas la seule fois où les bombes nord-coréennes entraînent des répercussions sismiques. Ainsi, selon le CTBTO (Comprehensive Nuclear-Test-Ban Treaty Organization),[61] les tests de 2006, 2009 et 2013 produisent aussi des séismes de magnitude respective de 4,1, 4,5 et 4,9.

Déclencher des tremblements de terre avec des bombes est une chose, maîtriser l'arme sismique en est une autre. À notre avis, il y a peu de chance que les Nord-Coréens aient pu la développer seuls, à l'insu de leurs voisins chinois et russes. Ils pourraient néanmoins déposer une bombe dans une fosse marine au large du Japon, avec un effet dévastateur.

Haarp, la nouvelle arme
Même si le plan de l'OSS pour « annihiler le Japon » témoignait que les militaires ne possédaient pas la machine Terre vibrante de Nikola Tesla, ses travaux sont toutefois à la base des recherches du physicien Bernard J. Eastlund. Ce scientifique dépose et codépose à partir de 1985 trois brevets, qui conduisent ensuite à la création du système High Frequency Active Auroral Research Program (Haarp).[62]

Le premier est intitulé *Method and apparatus for altering a region in the earth's atmosphere, ionosphere, and/or magnetosphere*[63] et indique clairement la partie où il s'applique, c'est-à-dire le ciel et même l'espace. Aussi étonnant que cela puisse paraître, c'est à partir de ces hautes altitudes que Haarp peut également générer des tremblements de terre. Avant de présenter ce dont il s'agit, signalons le dernier brevet déposé par Bernard Eastlund, décédé en

---

61. https://www.ctbto.org/fileadmin/user_upload/public_information/2016/Briefing_PrepCom_7_Jan_2016.pdf
62. Pour en savoir plus sur Haarp, lire *L'Arme climatique*, du même auteur, ou le livre qui fait référence sur le sujet : *Les Anges ne jouent pas de cette Haarp*, Jeane Manning et Nick Begich, éd. Louise Courteau, pour l'édition française.
63. Méthode et appareil pour modifier une région de l'atmosphère, l'ionosphère et/ou la magnétosphère de la Terre.

Chapitre 3 : La Terre

décembre 2007, intitulé *Cosmic particle ignition of artificially ionized plasma patterns in the atmosphere* et dont voici la traduction d'un extrait de la conclusion :

> Cette invention offre une quantité phénoménale de ramifications possibles et de potentiels futurs développements. Comme évoqué précédemment, une variété de systèmes de télécommunications menant à l'amélioration des systèmes cellulaires (locaux, de courte-distance, intraville, longue-distance) pourrait en résulter. Deux nouvelles approches concernant la modification et le contrôle du climat sont proposées : la première concerne la manipulation des vents qui contrôlent le développement de mésocyclones,[64] ou le changement de la direction que prennent les jet streams qui influent sur la naissance des ouragans ; la seconde est une méthode pour influencer la répartition de la charge électrique dans les configurations météorologiques comme les mésocyclones. Les applications possibles pour la défense comprennent un procédé d'accélération des électrons à des énergies MeV en conjonction avec l'antenne Haarp.[65]

Il est donc clairement question de modification du climat et d'applications militaires liées à Haarp. Alors, de quoi s'agit-il ? (nous serons synthétiques, car nous pensons que la plupart de nos lecteurs connaissent déjà ce programme, d'autant plus qu'il est présenté dans *L'Arme climatique*).

C'est un système de cent quatre-vingts puissantes antennes installé à partir de 1993 par l'armée en Alaska, près de Gakona, pour des expériences de modification de l'ionosphère, couche chargée électriquement au-dessus de l'atmosphère terrestre. Il peut y diffuser plus de 1,7 gigawatt (1,7 milliard de watts) de puissance rayonnée. Ainsi, la température des ions peut être augmentée, par exemple, de 200 %, ce qui génère des transformations du plasma et d'autres conséquences.[66]

---

64. Zone de rotation à l'intérieur d'un orage qui peut conduire à la formation d'une tornade.
65. Traduction Wikipedia (https://fr.wikipedia.org/wiki/Bernard_Eastlund)
66. *The first joint experimental results between SURA and CSES*, XueMin Zhang, Vladimir Frolov, ShuFan Zhao, Chen Zhou, YaLu Wang, Alexander Ryabov, DuLin Zhai,

Haarp est financé par l'U.S. Air Force et l'U.S. Navy, et y participent également l'Université de l'Alaska et la Darpa,[67] qui y aurait investi trente millions de dollars.

Les militaires – et les scientifiques qu'ils financent – affirment que ces installations ne sont utilisées qu'à des fins purement scientifiques, pour le bien de l'humanité, en quelque sorte... Malgré cette noble destination, le site est fermé en 2013, officiellement pour cause de restriction budgétaire. En fait, Gakona n'est pas la seule composante du dispositif Haarp. Ainsi, le Dr Rosalie Bertell, reconnue par les institutions internationales comme une experte des questions de santé et d'armement, qui a visité la station Haarp de l'Alaska, nous précise lors d'une interview à Toronto en juin 2008, qu'il existe au minimum deux sites Haarp supplémentaires, l'un à Porto Rico et l'autre en Antarctique.

D'après des sources plus récentes, il y en aurait au moins une trentaine dans le monde. Pour la France, elle se situerait dans les Pyrénées, information communiquée au conditionnel, le « Secret Défense » empêchant toute vérification. Seraient même présents désormais des relais Haarp à bord de sous-marins, évidemment plus discrets et mobiles. Il y a donc bien fermeture officielle du site de Gakona, mais elle ne signifie pas la fin du programme Haarp.

Peur sur l'environnement
La sous-commission du Parlement européen pour la sécurité et le désarmement organise à Bruxelles le 5 février 1998 une audition sur le système Haarp et les armes non létales concernant l'utilisation possible de l'environnement à des fins militaires.

Les États-Unis et l'Otan sont invités à venir s'y exprimer mais ne jugent pas utile de s'y rendre. En revanche est présente le Dr Rosalie Bertell, « l'un des meilleurs experts sur Haarp (*High Frequency Active*

Earth and Planetary Physics, Volume 2, Issue 6, November 2018, pages 527-537.
67. La Darpa (Defense Advanced Research Projects Agency) est l'agence du Pentagone qui, comme son nom l'indique, est spécialisée dans la recherche de pointe sur des projets militaires, y compris dans le domaine spatial. Elle s'appelait précédemment l'Arpa, déjà rencontrée dans les chapitres précédents.

Auroral Research Programme), un programme qui a été développé par l'armée américaine », selon la déclaration finale de l'événement, qui poursuit :

> [Le Dr Rosalie Bertell] décrit la situation de Haarp. L'ionosphère est une couche élevée de l'atmosphère avec des particules qui sont hautement chargées en énergie. Si des radiations sont projetées dans l'atmosphère, des quantités immenses d'énergie peuvent être générées et servir à détruire une région donnée.
>
> Le projet Haarp implique la manipulation de l'ionosphère [...] et peut, en théorie, créer des voies électromagnétiques pour guider des rayons de particules qui pourraient ensuite déposer de grandes quantités d'énergie partout sur la planète. En termes plus simples, Haarp, avec sa puissance d'intimidation [...] est un élément d'un système qui pourrait contrôler le « village global » de façon effrayante.
>
> D'après le Dr Nick Begich, expert en Alaska et auteur de l'un des principaux livres sur le sujet,[68] le programme Haarp permettrait d'atteindre de telles concentrations d'énergie qu'une région de la planète pourrait être privée d'eau. Des ondes électromagnétiques peuvent créer des tremblements de terre ou des raz-de-marée.

Le Dr Rosalie Bertell cite dans son dernier livre un commentaire de David Yarrow, chercheur indépendant, qu'elle a relevé dans *Les Anges ne jouent pas de cette Haarp* :

> Haarp ne générera pas de trous dans l'ionosphère en la brûlant. C'est une sous-évaluation dangereuse de ce que le rayon géant de Haarp, qui se mesure en gigawatts, est capable de provoquer. La Terre tourne avec, au-dessus d'elle, les fines coques électriques de la pellicule multicouche de l'ionosphère qui absorbent et protègent sa surface des intenses radiations solaires, y compris des tempêtes de vent solaires et de leurs particules chargées, projetées par le Soleil. À cause de la rotation axiale

---
68. Jeane Manning et Nick Begich, *Les Anges ne jouent pas de cette Haarp*, éd. Louise Courteau.

> de la Terre, s'il envoie une rafale d'ondes de plus de quelques minutes, Haarp fendra l'ionosphère comme un couteau à micro-ondes. Cela produira non pas un « trou » mais une longue déchirure – une incision.[69]

Elle ajoute :

> Même si l'ionosphère est appauvrie et « se répare » naturellement par l'action du Soleil, on ne sait pas comment l'atmosphère réagira à ces incisions faites par l'homme. Tout dans notre univers se situe dans un équilibre dynamique et il se peut que cette interférence humaine déstabilise un système qui a établi et maintenu ses propres cycles depuis des millions d'années. Par comparaison, il est normal pour les hommes de passer une partie de chaque jour éveillés et l'autre à dormir. Pourtant, des périodes de sommeil ou d'éveil artificiellement induites peuvent entraîner des problèmes inattendus ou des perturbations significatives des rythmes de notre corps. Si les expérimentations avec les rythmes naturels de l'ionosphère présentent des dangers potentiels, quelles seraient alors les conséquences en cas d'utilisation de Haarp comme arme de guerre ?

Quelle que soit la réponse, la technologie à l'œuvre dans le Projet Seal est dépassée depuis longtemps. Utiliser des ondes est évidemment plus discret et pratique que des bombes.

Haïti – 12 janvier 2010

Ce séisme, encore dans toutes les mémoires, fait plus de 250 000 morts et ravage un pays déjà parmi les plus pauvres de la planète. Rapidement, plusieurs experts se demandent si, compte tenu des particularités étonnantes de ce tremblement de terre, sa cause ne serait pas d'origine artificielle. Par exemple, Pierre Grésillaud rédige pour la revue *Nexus* l'article *Haïti – Phénomène naturel ou arme sismique ?*,[70] dont voici un extrait :

---

69. *La Planète Terre, ultime arme de guerre*, op. cit., p. 173.
70. *Nexus* (édition française), mars-avril 2010, n° 67, p. 40.

Les bizarreries concernant Haïti ne s'arrêtent pas là. Les répliques de ce séisme ont une distribution atypique. Elles ont touché logiquement la partie montagneuse à l'ouest de la faille de décrochement qui passe d'ouest en est par la région de Port-au-prince, mais elles n'ont eu aucun effet notable sur la partie est. […]

La faible profondeur du séisme – une dizaine de kilomètres – est elle aussi atypique pour cette zone où la lithosphère dépasse plus de 100 kilomètres d'épaisseur. Elle explique cependant l'aspect dévastateur sur une grande ville, comme ce fut le cas en 2003 pour Bam, en Iran.

Autre bizarrerie : le Réseau national de surveillance sismologique (RéNaSS) ne tient plus à mettre l'indication de la magnitude du moment (7,1), pourtant meilleur indicateur de l'énergie source, comme il l'a fait dans les premiers jours ; il n'indique plus sur son site web qu'une magnitude locale de 6,1, comme si ce séisme n'était plus du tout exceptionnel en terme d'énergie. Quelle étrange retouche...!

Certes, et l'auteur le précise dans son article, les sismologues officiels déclarent qu'il est impossible de provoquer un séisme d'une telle ampleur, et que, de toute façon, Haïti a déjà été frappé de la sorte en 1770 et 1842. « Comparaison n'est pas raison », comme chacun sait, d'autant plus qu'au même moment Haarp suspend ses mesures, ce qui n'a pas échappé à Pierre Grésillaud :

Le système américain Haarp, en Alaska, a enregistré des mesures d'induction magnétométrique intenses pendant 36 heures, stoppant quelques heures avant le séisme d'Haïti. Mais elles ont commencé juste après le séisme californien du 10 janvier 2010, à 40 kilomètres au large de la ville d'Eureka. Le lien atmosphérique avec ces activités sismiques importantes est-il une coïncidence ? […]

Mais la coïncidence la plus étrange porte sur l'absence de mesures constatée le 11 janvier 2010, soit la veille du séisme. Depuis 2005, ces coupures sont plutôt rares pour Haarp ; on en

L'Arme environnementale

a relevé justement au moment de séismes majeurs, en Californie ou dans le Pacifique, mais aussi lors du séisme du Sichuan (deux coupures le 9 mai 2008). S'agit-il de censure ?

Au sujet de ce tremblement de terre au Sichuan peu de temps avant les Jeux olympiques de Pékin (environ 100 000 morts), les médias chinois avancent largement la cause artificielle, car des vidéos amateur tournées dans la demi-heure précédant la catastrophe montrent des nuages irisés, phénomène similaire aux effets produits par des expériences Haarp (vidéos visibles sur YouTube,[71] de même que les journaux télévisés de la CCTV, la télévision officielle chinoise, dénonçant l'utilisation de l'arme sismique).

Pourquoi Haïti ?

On peut comprendre un « coup de semonce » ou un message de la part des États-Unis à l'encontre de la Chine, mais Haïti ? Avant d'apporter un début d'interprétation plus que de réponse, rappelons que dix mille soldats américains venaient juste d'être positionnés autour de l'île dans le cadre, officiellement, d'un exercice militaire simulant... une intervention humanitaire en Haïti, pourtant pays souverain. Ce n'est pas une preuve, évidemment, mais le hasard fait tellement bien les choses, surtout lorsqu'il s'agit des intérêts des États-Unis.

Sa présence quasi-instantanée a permis à l'armée américaine de prendre « possession » de l'île au détriment d'une intervention coordonnée par les Nations Unies. Les témoignages de membres d'ONG sur place concernant la façon dont les militaires ont conduit les opérations de secours marquent leur étonnement, pour ne pas dire plus. Même les politiques ne sont pas dupes, puisque Alain Joyandet, secrétaire d'État à la coopération, déclare sur Europe 1 :

> Il s'agit d'aider Haïti, il ne s'agit pas d'occuper Haïti, il s'agit de faire en sorte qu'Haïti puisse reprendre vie.

---

71. *HAARP caused earthquake in Sichuan China?*, https://www.youtube.com/watch?v=Mk8dFM5t3lY (à partir de 2'26).

Chapitre 3 : La Terre

La suspicion est même née quant à l'utilisation réelle d'une partie des dons qui ont afflué du monde entier... La Fondation Clinton, très présente dans ce pays, est d'ailleurs mêlée à ce scandale de détournement de fonds, mais c'est un autre sujet.

Alors pourquoi Haïti ? Il suffit de regarder une carte géographique pour constater la position stratégique de l'île : juste en face des côtes vénézuéliennes de « l'ennemi » Chavez à l'époque. Est-ce une raison suffisante pour raser un pays ? D'un point de vue strictement militaire, oui, mais l'explication est un peu courte, surtout par rapport au *timing*. Effectivement, pourquoi à ce moment-là ?

Un autre élément est peut-être à verser au dossier pour comprendre le mobile, si le tremblement de terre a bien été artificiel. Avant de l'évoquer, voyageons quelques années en arrière : le 29 février 2004, le président haïtien Jean-Bertrand Aristide est enlevé par des forces spéciales américaines et forcé de s'exiler finalement en Afrique du Sud – notons que la France a participé à cette opération : Dominique de Villepin est alors Premier ministre et son entourage familial a joué un rôle dans cette affaire, selon J.-B. Aristide. L'on peut se demander quels intérêts réels notre pays pouvait défendre dans cette aventure.

Officiellement, il s'agit de déposer, au nom de la « démocratie », ce président qui s'avérerait un dictateur, bien qu'élu démocratiquement, et un trafiquant de drogue. On ne peut donc que se réjouir du fait que de grandes démocraties volent au secours des peuples opprimés. C'est quasiment un précédent, presque un cas de jurisprudence, en tout cas à l'époque ! Même l'invasion de l'Irak un an plus tôt avait pour motif principal les armes de destruction massive, pas encore la « démocratie ». Cet élan de « générosité désintéressée », peu habituelle dans le concert des nations, ne sera malheureusement pas le dernier dans la décennie suivante, jusqu'à l'est de l'Europe. Et il n'a pas vraiment changé la situation des Haïtiens, toujours aussi pauvres, autour de 70 % d'entre eux vivant en dessous du seuil de pauvreté en 2013.

Alors faut-il chercher une autre raison à cette opération militaire ? Est-ce que le communiqué à peine cinq mois plus tard, en juillet 2004, de la fameuse société Halliburton annonçant qu'elle avait découvert du pétrole au large des côtes d'Haïti **environ un an et demi** plus tôt pourrait être une explication ? En effet, pourquoi avoir attendu si longtemps avant d'annoncer une découverte capitale pour une société cotée à Wall Street ? Est-ce que Jean-Bertrand Aristide s'est montré trop gourmand pour son peuple et/ou lui et ses proches dans la négociation du partage de la manne pétrolière avec Halliburton, au point que cette prospère société, voulant l'être plus encore, a décidé de « l'inviter » à se retirer ailleurs, grâce au soutien des « armées de la Démocratie » états-unienne et française ?

Ce sont peut-être les insulaires qui livrent la clé de l'explication : un sismologue haïtien, le docteur Daniel Mathurin et sa femme Ginette, expliquent en 2008 qu'ils ont

> relevé vingt sites pétrolifères, et que les réserves pétrolifères d'Haïti sont plus importantes que celles du Venezuela.
>
> Une richesse qui augmente l'intérêt stratégique du pays. Pourquoi, dans ce cas, ces réserves ne sont-elles pas exploitées ? Pour Ginette Mathurin, « ces gisements sont déclarés réserves stratégiques des États-Unis d'Amérique ».[72]

Or, selon le classement de l'OPEP qui prend en compte les « réserves conventionnelles », c'est-à-dire les réserves prouvées, cela placerait Haïti au premier rang mondial, devant le Venezuela, qui occupe la première place de ce classement en 2014, l'Arabie Saoudite et l'Iran.

Pourquoi alors avoir agi à ce moment-là et pas dans trois, cinq ou dix ans ? Si Ginette Mathurin a raison, il commençait à y avoir urgence, car les Chinois continuaient d'acheter des terrains en Haïti. Selon nos sources en provenance de l'île, ils auraient même procédé à des carottages dans certaines zones... Qui dit « carottage », dit « forage » potentiel par la suite... Or, les Américains ne peuvent se laisser siphonner « leur » pétrole, qui plus est par les Chinois,

---

72. Source : www.newsoftomorrow.org, 21 janvier 2010.

comme chacun peut l'imaginer. Cette situation pourrait bien justifier l'injustifiable. Nous laissons au lecteur le soin de s'interroger sur l'éventualité qu'un État puisse déclencher un tremblement de terre en toute connaissance de cause pour... du pétrole. Et d'y envoyer ensuite ses « soldats de la Démocratie » ?

Les États-Unis et la Chine, tout comme la Russie (et bien d'autres), ont marié depuis longtemps intérêts militaires et économiques, et le divorce n'est pas près d'être prononcé : les militaires entrent les premiers, l'arsenal industrialo-bancaro-institutionnel suit. Un exemple (parmi tant d'autres) ?

Le 7 juin 2010, les paysans haïtiens manifestent contre les semences offertes par Monsanto après le séisme (près de cinq cents tonnes de semences hybrides). Pourquoi ?

> Nombreux sont les Haïtiens qui considèrent le don de semences de Monsanto comme faisant partie d'un vaste projet stratégique d'impérialisme politique et économique américain. « Le gouvernement haïtien utilise le tremblement de terre pour vendre le pays aux multinationales, » déclare Chavannes Jean-Baptiste. [...]
>
> Monsanto fait remarquer que les semences offertes sont hybrides et non génétiquement modifiées. Ceci dit, les semences hybrides ne renforceront pas la souveraineté alimentaire ou la capacité des paysans haïtiens à se nourrir : Monsanto admet qu'ils seront incapables de préserver des semences pour en planter dans l'avenir, et que même si les semences leur sont offertes gratuitement, les paysans devront les payer ensuite. « Donner tout simplement les semences entraverait l'un des fondements de l'infrastructure économique et agricole d'Haïti, » affirme Monsanto.[73]

Si cette généreuse multinationale considère qu'un don serait un cadeau empoisonné, les Haïtiens ne peuvent que la remercier de les en préserver...

---

73. Source : www.combat-monsanto.org/spip.php?article667 (nous recommandons la lecture de ce très intéressant article).

L'Arme environnementale

Malgré le désastre, les agriculteurs haïtiens ont donc la force de résister à l'arme alimentaire. Pour combien de temps encore ?[74] Et quand allons-nous apprendre que l'anglais remplace le français en tant que langue officielle d'Haïti, comme le Rwanda l'a annoncé en octobre 2008 par son président, le très américanophile Paul Kagamé ? Et qu'Haïti devient le 52ᵉ État américain ? À la demande démocratique des Haïtiens, cela va sans dire...

Coïncidence mexicaine

Le 20 mars 2012 se produit un séisme de magnitude 7,4 dans l'État d'Oaxaca, au sud du Mexique. Or, il est prévu le même jour au Chiapas, État voisin au sud, une « grande simulation [...] d'un tremblement de terre de 7,9 sur l'échelle de Richter » (cf. illustration page suivante). Certains y voient la preuve de l'existence d'un test de l'arme sismique. Nous n'y voyons, nous, qu'une simple coïncidence, car :

– l'Oaxaca n'est pas le Chiapas ;

– il se produit ce jour-là près d'une vingtaine de secousses, principalement dans l'Oaxaca et le Guerrero, État limitrophe au nord, mais rien au Chiapas ;

– les séismes sont courants dans cette région, car il peut s'en produire jusqu'à plusieurs par semaine, même s'ils ne dépassent pas, la plupart du temps, la magnitude de 5 (tout le pays est une zone sismique sensible, j'étais d'ailleurs présent à Mexico lors du violent

---

74. « Par le passé, le secteur agricole d'Haïti a déjà été décimé par l'intervention des États-Unis. En 1991, Jean-Bertrand Aristide, le premier président haïtien élu démocratiquement, dut fuir Haïti suite à un coup d'État soutenu par les États-Unis. Comme condition à son retour, les États-Unis, la Banque Mondiale et le FMI ont exigé d'Aristide l'ouverture d'Haïti au libre-échange. Les tarifs douaniers sur le riz (la céréale principale haïtienne) passent alors de 35 % à 3 %, les fonds gouvernementaux sont détournés du développement agricole afin de payer la dette extérieure, et le riz subventionné d'Arkansas (pendant l'administration Clinton) inonde le marché haïtien. Les riziculteurs haïtiens furent décimés, et aujourd'hui presque tout le riz consommé en Haïti est importé. » Source : www.combat-monsanto.org/spip.php?article667 (Remarque : rappelons que Bill Clinton est originaire de l'Arkansas, dont il fut, entre autres, le gouverneur de 1979 à 1981, puis de 1983 à 1992, avant d'occuper les fonctions de président des États-Unis de 1993 à 2001).

séisme du 19 septembre 2017, de 7,1 sur l'échelle de Richter, dont l'épicentre se situait dans l'État de Puebla, qui fit près de quatre cents morts) ;

– et, enfin, il se trouve que Malia Obama, l'aînée des deux filles du couple présidentiel, passait ce jour-là des vacances dans l'Oaxaca. L'hypothèse d'un déclenchement artificiel nous paraît donc farfelue, car ni les services états-uniens ni mexicains n'auraient pris un tel risque en sachant forcément que la fille du président Obama s'y trouvait. Les Russes ou les Chinois, alors ? N'ajoutons rien à ce qui ressemble peu à de l'analyse sérieuse des faits et des situations.

L'Arme environnementale

Coïncidence(s) turque(s) ?

C'est une réalité, la Turquie est située sur d'importantes failles sismiques et est régulièrement secouée par des tremblements de terre. Après une vague de séismes en février 2017, voici une information de l'AFP reprise par différents médias, dont la RTBF :

> Le maire d'Ankara a dit mardi redouter que des puissances hostiles à la Turquie déclenchent artificiellement des séismes pour nuire à l'économie du pays, où plusieurs tremblements de terre se sont produits ces derniers jours.
>
> « Il y a eu un fort séisme dans les Dardanelles (nord-ouest) aujourd'hui [...] J'ai fait des recherches [...]. Il apparaît qu'il y a un navire de recherche sismique dans les parages », a déclaré sur Twitter Melih Gökçek, réputé en Turquie pour ses théories alambiquées. « Il faut de toute urgence déterminer l'objet des recherches de ce navire et à quel pays il appartient », a poursuivi le maire de la capitale turque. « Peu importe ce que diront certains, je crains sérieusement qu'un séisme soit déclenché de manière artificielle. [...] Certains, en ce moment, veulent porter un coup à la Turquie, faire flancher l'économie de la Turquie en provoquant un séisme dans les environs d'Istanbul », a précisé Melih Gökçek sur Twitter.
>
> Par précaution, Melih Gökçek appelle à « placer sous surveillance tous les sous-marins et les navires équipés de grands appareils dans les environs d'Istanbul, Marmara et les Dardanelles ».[75]

Même s'il fut écouté par les autorités turques, ce qu'il propose est insuffisant et ne pourrait empêcher l'utilisation à distance du système Haarp ou équivalent. Plutôt que d'étudier ce qui s'est passé en 2017, intéressons-nous à février 2023 : près de la frontière avec la Syrie, se produisent le 6 février deux premiers séismes de respectivement 7,8 et de 7,5 à 7,9 de magnitude, suivis de répliques très puissantes, puis par des milliers d'autres de puissance moindre dans les semaines qui

---

75. *Le maire d'Ankara voit une main étrangère derrière des séismes*, RTBF avec AFP, 7 février 2017.

Chapitre 3 : La Terre

suivent. Le bilan est terrible : plus de 53 000 morts en Turquie et près de 6 000 en Syrie, auxquels il faut ajouter une centaine de milliers de blessés. Le secrétaire général des Nations Unies, António Guterres, déclare que ce double séisme est l'une des plus grandes catastrophes naturelles de notre époque.

« Naturelles » est-il l'adjectif approprié ? En effet, certaines anomalies sont relevées, dont des images du ciel nocturne juste avant le déclenchement du premier tremblement, avec des éclairs qui n'en sont pas manifestement. La difficulté est qu'il est de moins en moins possible d'accorder foi aux images, y compris aux vidéos, à cause de l'émergence de l'intelligence artificielle, qui peut générer pratiquement tout en matière audiovisuelle.

En admettant que cette catastrophe ait été déclenchée, qui pourrait vouloir punir la Turquie au prix d'un tel carnage et pour quelle(s) raison(s) ?

Éléments de réponse :

– le pays n'a pas suivi l'Otan dans sa croisade en Ukraine contre la Russie, puisque furent même menés à Istanbul en mars 2022 des pourparlers entre Kiev et Moscou, qui avaient trouvé un accord de paix, mais il fut saboté par l'Occident, Boris Johnson en tête, alors Premier ministre du Royaume-Uni ;[76]

– la Turquie n'applique pas les sanctions décrétées contre la Russie et, par conséquent, après le sabotage des gazoducs Nord Stream le 26 septembre 2022, les hydrocarbures russes continuent d'alimenter l'Europe (du Sud) via un réseau de pipelines traversant la future zone dévastée par cette série de séismes ;

– Ankara bloque l'entrée de la Suède dans l'Otan ;

– à ces « affronts » vis-à-vis de l'Occident, nous pourrions ajouter le camouflet diplomatique infligé aux États-Unis, lorsque le ministre de l'Intérieur turc refusa publiquement les condoléances de l'ambassade américaine après l'attentat à la bombe qui endeuilla Istanbul le

---

76. *Guerre en Ukraine – La responsabilité criminelle de l'Occident*, Patrick Pasin, Talma Studios, 2023.

L'Arme environnementale

13 novembre 2022, commis par des Kurdes réfugiés en Syrie sous protection... américaine.[77]

Plutôt que de se pencher sur les anomalies géophysiques de cette tragédie, citons la déclaration de la sénatrice roumaine Diana Ivanovici Șoșoacă, s'exprimant le 8 février 2023 devant ses collègues :

> Nous avons assisté à la provocation de tremblements de terre sur commande, qui est, en fait, une attaque contre la Turquie par les plus grands de ce monde [...] et c'est un avertissement, car ce n'était pas la zone la plus peuplée de la Turquie. 150 répliques d'un tremblement de terre dévastateur, le deuxième plus important que le premier, sans qu'il n'y ait eu de foyer, la zone étant stimulée artificiellement. Les armes géologiques existaient depuis très longtemps [...]. Maintenant, elles ont été mises en pratique. [...] mais dix secondes avant le tremblement de terre, les Turcs ont fermé ces pipelines. De plus, 24 heures avant le tremblement de terre, dix pays ont retiré leurs ambassadeurs de Turquie. Cinq jours avant le séisme, le ministère roumain des Affaires étrangères a émis une contre-indication de voyage pour les citoyens roumains en Turquie, bien qu'il n'y ait aucun danger, comme l'ont fat d'autres pays. [...] Les cartes diffusées sur toutes les chaînes de télévision montrent qu'il n'y avait pas d'épicentre, mais une ligne avec des milliers de séismes. Les services secrets turcs enquêtent sur une possible « intervention criminelle », comprendre une implication d'un autre État dans le déclenchement du premier tremblement de terre, ce qui a suivi ensuite étant une réaction en chaîne après la déstabilisation des plaques tectoniques dans la région. Il est très clair que le président Erdogan a été puni pour son courage, sa dignité et son honneur, et pour sa proximité avec la Fédération de Russie, qui était, en fait, une position de neutralité et de médiation pour la paix.

Rares sont les dirigeants politiques et les élus en général à s'exprimer avec un tel courage, qui ne lui a pas valu que des amis, il suffit de lire

---

77. *Guerre en Ukraine – La responsabilité criminelle de l'Occident*, Patrick Pasin, Talma Studios, 2023.

sa fiche Wikipedia. Plus que les preuves géophysiques, le fait qu'une dizaine de pays occidentaux aient retiré concomitamment sans raison apparente leur ambassadeur constitue un aveu de culpabilité.

Pourquoi ce secret des dieux fut-il partagé avant l'événement, avec le risque qu'il soit éventé par la suite ? Utiliser de telles armes peut produire des conséquences incalculables, qu'il est impossible de mesurer et anticiper précisément. Or, même si la sénatrice a parlé des ambassadeurs, il y a aussi les officiers militaires et du renseignement de haut rang à protéger, car ils sont très présents dans un pays comme la Turquie, qui représente la deuxième armée de l'Otan.

Informer permet aussi de donner l'instruction de ralentir les secours pour qu'il y ait le maximum de victimes et de mécontentement : à trois mois des élections présidentielles, bénéfice collatéral supplémentaire, cette catastrophe pouvait entraîner la défaite du candidat Erdogan, en témoignant de son impéritie. Cela rappelle la tragédie de Vargas au Vénézuela, qui fit au moins 20 000 morts et 100 000 blessés, avec l'utilisation de ces armes à des fins politiques (cf. *L'Arme climatique*).

Coïncidence marocaine ?

Quelques mois après la Turquie, le 8 septembre 2023, la terre tremble au Maroc et fait environ 3 000 morts, sans compter les blessés (graves). D'une magnitude de 6,9 à 7,2, le séisme est considéré comme le plus important de tout le pays depuis que des instruments de mesures sismiques ont été installés. Sinon, il faut remonter au séisme de Meknès du 1er novembre 1755, avec une magnitude estimée entre 8,5 et 8,7. Certains experts sont surpris d'une telle puissance, particulièrement dans cette zone. S'agit-il d'un tremblement de terre naturel ?

Ce qui alimente rapidement la controverse, ce sont des images du ciel avec des éclairs de lumière bleue enregistrés supposément avant les premières secousses. Nombreux parmi ceux qui connaissent le système Haarp font le lien et concluent à un séisme artificiel. Peut-être.

Cependant, il faut être prudent en la matière : il existe des études très anciennes – bien avant la création de Haarp –, qui témoignent de phénomènes lumineux particuliers lors de tremblements de terre. Ainsi, Ignazio Galli (1841-1920), prêtre, météorologue et sismologue italien, publie au début des années 1900 un catalogue de 148 séismes associés à différents types de lumières.1 En conséquence, ce n'est pas parce qu'il y a des lumières étranges que l'origine est artificielle ; et réciproquement. Comme nous l'avons signalé ci-dessus, n'importe quelle image peut être produite en quelques instants. Nous ne pouvons donc pas baser nos conclusions sur ces seuls éléments physiques. Il faudrait au minimum disposer des relevés des ondes P et S (il en existe d'autres), qui ne sont pas toujours disponibles.

C'est pourquoi nous n'avons pas présenté les caractéristiques géophysiques pour les tremblements de terre en Turquie de février, où il y eut aussi des lumières « bizarres » dans le ciel. En revanche, lorsque sortent des informations que nous qualifierons de « périphériques », comme la déclaration de la sénatrice roumaine, alors il y a matière à s'interroger.

C'est aussi le cas au Maroc : il apparaît très vite sur les réseaux sociaux que des New-Yorkais savaient que le tremblement de terre s'était produit avant qu'il... se produise. Comment : parce qu'ils envoyèrent des messages pour s'enquérir de la santé de leurs proches au Maroc. C'est évidemment impossible. C'est donc de là que devrait partir l'enquête : cette information est-elle vraie ? Combien de temps avant les premières secousses ? Qui a donné l'information ? Etc.

En conclusion de cette partie sur l'arme sismique, rappelons la réponse de l'expert russe Aleksey Vsevolodovich Nikolayev, professeur et sismologue membre de l'Académie des sciences de l'URSS :

> Une arme tectonique ou sismique serait l'utilisation de l'énergie tectonique accumulée dans les couches profondes de la Terre pour provoquer un séisme destructeur. Mais ici, il y a une certaine confusion de terminologie. Lorsque l'on parle d'un tremblement de terre provoqué par une explosion, certains pensent qu'il ne s'agit que d'un « déclencheur » pour un événement naturel déjà préparé ; pour d'autres, il s'agit d'une région

qui n'a jamais connu de séisme et en subit soudainement un si une bombe nucléaire y explose. Il va sans dire que rien ne peut arriver si la Terre n'est pas prête.

Cela paraît logique et il a sans doute raison, ce qui lui fait affirmer que Moscou ne peut être atteinte par une arme sismique. Nikola Tesla et sa machine Terre vibrante auraient peut-être démontré le contraire. Ou Haarp et ses développements récents ?

Réplique du premier sismoscope,
créé en 132 de notre ère
par l'inventeur chinois Zhang Heng.

L'Arme environnementale

II. Les volcans

Réveiller un volcan ne fait pas expressément partie des armes environnementales incluses dans la Convention Enmod, en tout cas de ses accords interprétatifs. Cela signifie-t-il que la technique n'a pas été développée ? Elle constituerait, évidemment, une arme de destruction massive.

Sans remonter jusqu'à Pompéi, détruite par l'éruption du Vésuve en 79 après J.C., d'autres volcans provoquèrent des effets susceptibles d'intéresser les militaires. Ainsi, l'explosion volcanique supposée la plus violente du XXe siècle se produit en 1912 au mont Katmai, en Alaska. Estimée dix fois plus puissante que celle du mont Saint Helens du 18 mai 1980, les tonnes d'oxyde de soufre qu'elle projette dans l'atmosphère à plus de quinze kilomètres dans le ciel perturbent totalement la mousson en Asie. Les conséquences sont dramatiques pour l'agriculture, notamment la riziculture, qui en dépendent.

Plus proche de nous dans le temps, l'explosion aux Philippines du Pinatubo le 2 septembre 1991 entraîne des répercussions considérables à l'échelle de la planète, dont une baisse générale de la température de 0,6° pendant deux à trois ans, en conséquence des milliards de tonnes de particules qui restent en suspension dans l'atmosphère.

Ces deux exemples illustrent les limites d'une telle arme : les résultats ne peuvent qu'être aléatoires et des pays alliés, voire le monde entier, risquent d'en être les victimes collatérales. De plus, il semble quasi-impossible de réussir à déclencher un volcan à un instant t précis et, finalement, la liste des volcans susceptibles de répondre à un tel projet reste limitée.

Faut-il en conclure pour autant que les militaires n'ont pas développé l'arme volcanique ? Rien ne dit qu'ils ne l'ont pas testée ou au moins envisagée, mais nos recherches ne nous ont pas permis de trouver de programme officiel dans ce domaine.

Chapitre 3 : La Terre

Les Russes menacent

À défaut d'arme volcanique spécifique, les volcans peuvent néanmoins être utilisés comme arme de destruction massive. Ainsi, au moment où les tensions ne cessent de s'exacerber entre l'Occident et la Russie, avec l'escalade dans les sanctions imposées de part et d'autre, Konstantin Sivkov, président de l'Académie des problèmes géopolitiques, basée à Moscou, déclare en mars 2015 que

> les géologues considèrent que le supervolcan de Yellowstone[78] peut exploser à tout moment. Il y a là-bas des signes d'activité croissante. Par conséquent, il suffirait d'utiliser une bombe de l'ordre de la mégatonne pour déclencher une éruption. Les conséquences seraient catastrophiques pour les États-Unis – un pays disparaîtrait.[79]

Il ajoute :

> Une autre zone vulnérable des États-Unis du point de vue géophysique est la faille de San Andreas – 1 300 kilomètres entre les plaques du Pacifique et de l'Amérique du Nord... La détonation d'une arme nucléaire peut y déclencher des événements catastrophiques comme un tsunami à l'échelle de toute la côte, qui détruirait complètement l'Infrastructure des États-Unis.

Il souligne, *a contrario*, que la géographie de la Russie la préserve d'un tel scénario, ou même d'une attaque par le biais d'un volcan.

Il ne s'agit pas d'armes environnementales au sens strict du terme, puisque ce dont il est fait usage, ce sont des bombes nucléaires, mais elles n'agiraient qu'en tant que déclencheurs, la véritable destruction provenant des éléments naturels déchaînés. On pressent la dévastation qui pourrait résulter de l'utilisation de ces conditions géophysiques.

---

78. Principalement situé dans le Wyoming, Yellowstone est le plus ancien parc naturel du monde, avec une superficie de près de 900 000 hectares.
79. *Russian analyst urges nuclear attack on Yellowstone National Park and San Andreas fault line*, Su-Lin Tan, *The Sydney Morning Herald*, March 31, 2015.

III. La végétation

Jet stream de feu

Depuis l'Antiquité, la technique pour s'attaquer à la végétation repose principalement sur le feu. Quels objectifs visent alors les militaires ? Les principaux consistent à détruire les récoltes pour causer la famine, empêcher l'ennemi de s'y cacher et d'y préparer des embuscades, modifier les conditions physiques du champ de bataille, protéger son camp en faisant le vide autour, etc. Les exemples sont multiples à travers l'histoire, mais l'un d'entre eux est particulièrement étonnant, car c'est la première fois qu'une attaque est lancée d'un continent à un autre, de plus, en utilisant les conditions environnementales.

Dans les années vingt, Wasaburo Oishi, un météorologue japonais, découvre ce qui sera appelé plus tard les « jets streams », ces courants d'air rapides de plusieurs milliers de kilomètres de longueur qui soufflent entre 10 et 16 km au-dessus de la mer. L'armée japonaise met à profit cette découverte lors de la Seconde Guerre mondiale, en décidant d'envoyer à travers le Pacifique des ballons-bombes, appelés « Fu-Go », en direction des États-Unis. Portés par le jet stream, ils doivent lâcher des bombes incendiaires sur le territoire américain, afin de déclencher des feux de forêt et terroriser la population citadine.

De novembre 1944 à avril 1945, plus de neuf mille ballons sont ainsi expédiés, mais il est estimé qu'environ trois cents seulement atteignent les côtes, car les autres s'abîment dans l'océan – ils sont observés dans tous les États de l'ouest, y compris au Canada, et jusqu'en Iowa. Six victimes sont à déplorer et quasiment aucun incendie, notamment parce qu'en hiver, les forêts américaines sont moins susceptibles de s'embraser qu'en été. En tout cas, c'est la première fois qu'une telle arme environnementale est utilisée en conditions de guerre.

Chapitre 3 : La Terre

Exemple de Fu-Go
Photo U.S. Army
(Commons Wikimedia)

Du feu à la chimie
À l'instar des Japonais, pourquoi se priver de l'arme du feu, même si elle remonte à la nuit des temps et que des moyens tellement plus dévastateurs sont en cours de développement ou déjà opérationnels ? En conséquence, les militaires américains décident de brûler des pans entiers de jungle pendant la guerre du Vietnam :

> [...] du personnel du Laboratoire des feux de forêt du U.S. Forest Service à Missoula, au Montana, fut envoyé au Vietnam pour aider au programme.
>
> « L'ARPA a financé le U.S. Forest Service pour déterminer la faisabilité technique de la destruction par le feu de vastes zones de jungle. Les phases actives de cette partie du projet furent menées en 1966 et 1967. »(86)

Le Forest Service prépara un rapport classifié intitulé *Forest Fire as a Military Weapon* [*Le Feu de forêt comme arme militaire*]. Le gouvernement qualifia ces efforts d'essentiellement infructueux ; toutefois, les rapports de presse de l'époque firent état d'incendies qui durèrent des semaines, et d'autres éléments in-

L'Arme environnementale

diquaient que le programme eut plus de succès que ce qui était officiellement indiqué.(87)[80]

La lecture de l'article du *New York Times* cité dans la note 87 précise que :

> Dans la dernière tentative, appelée opération Pink Rose, une zone de la taille de la ville de Philadelphie fut défoliée et bombardée de bombes incendiaires au magnésium dans la région du Triangle de fer au nord-ouest de Saïgon, où le programme de pacification allié n'avait jamais réussi à éliminer l'influence Vietcong. Une tentative antérieure visant la forêt de Boiloi, près de Saïgon, avait été baptisée « Opération Forêt de Sherwood ». Les résultats des deux tentatives furent si décevants qu'aucun effort supplémentaire ne fut effectué.[81]

La raison invoquée est l'humidité tropicale qui empêche la forêt de s'embraser. Le journaliste rapporte toutefois que :

---

80. *Case Study 2, Weather Modification: The Evolution of an R&D Program into a Military Operation*, 1984. Cette partie était incluse dans un rapport plus large en comprenant quatre, qui se serait vraisemblablement appelé *Military Research and Development*, mais il ne fut jamais publié officiellement par suite de dissensions sur son contenu entre l'URSS et les États-Unis. La demande initiale pour cette étude provenait de la Suède.
Note 86 : Letter from S.J. Lukasik to Representative Les Aspin, September 17, 1973. See also R.B. Bachelder and H.F.Hirt, *Fire in Tropical Forests and Grasslands*, ES-23, Natick, Army Laboratories Earth Sciences Division, 1966.
Note 87 : *B-52's Drop Fire Bombs on Red Sanctuary Near Cambodia. St. Louis Post Dispatch*, Jan. 28, 1967.
Blow to a Stronghold: Forest Fires Razing Red Haven. St. Louis Dispatch, Apr. 12, 1968.
Cong Flee Blazing Jungle Stronghold. Sunday Times (London), Apr.14, 1968.
D. Shapley, *Technology in Vietnam: Fire Storm Project Fizzled Out. Science*, 177 (July 21, 1972), pp. 239-241.
R. Reinhold, *US Attempted to Ignite Vietnam Forests in 66-67*, New York Times, July 21, 1972.
Lire aussi les compte-rendus sur ce programme et les références dans :
- *The Ecological Consequences of the Second Indochina War*, 1976, op.cit., pg. 58-59.
- Arthur H. Westing, *Weapons of Mass Destruction and the Environment*, SIPRI, Stockholm International Peace Research Institute, London, Taylor and Francis, 1977, p. 52. Interview personnelle avec l'une des personnes du Forest Fire Laboratory affectée au programme au Vietnam en 1967.
81. *U.S. Attempted to Ignite Vietnam Forests in '66–67*, Robert Reinhold, *The New York Times*, 21 juillet 1972.

Ce ne fut pas la seule fois que les forces américaines mirent le feu aux forêts vietnamiennes. Plus au sud, dans la forêt U Ming, il y eut jusqu'à soixante-dix incendies au cours du mois d'avril 1968. Bien que leur origine fut incertaine à l'époque, un ancien conseiller agricole américain stationné dans le delta du Mékong déclara dans une interview que beaucoup d'entre eux avaient été délibérément déclenchés par des commandants sur place afin de débusquer les soldats Vietcong cachés dans les mangroves. Ils furent rapidement éteints par la pluie.

Il n'a pas été déterminé si des études avaient été faites sur l'impact environnemental ou le contrôle des incendies avant que le projet ne fût entrepris.

Il serait très étonnant que les militaires américains se fussent embarrassés d'études d'impact environnemental, surtout dans un pays qui appartenait à ce qui s'appelait alors « le tiers-monde ». Cette remarque à la fin de l'article est étonnante, voire naïve : même s'il faut la replacer dans le contexte de l'époque, depuis quand les militaires se soucient-ils de la protection de l'environnement ? C'est d'ailleurs ce que déclare sans ambiguïté un officier (anonyme) au *New York Times* :

À la guerre, vous préférez sauver des arbres ou des vies ?

En ce qui concerne le Vietnam, la parade à l'humidité tropicale est vite trouvée : ce sera avec l'aide de la chimie, arrivée sur les champs de bataille avec le XXe siècle et dont la puissance de destruction est sans commune mesure avec ce qui existait auparavant.

Les recherches portent essentiellement sur les gaz toxiques contre les êtres humains. Grâce à des découvertes au sein des laboratoires anglais de la société Imperial Chemical Industries (ICI) à partir des années trente, c'est désormais tout l'environnement qui pourra être détruit.

L'histoire commence par des recherches sur des régulateurs de croissance des plantes. Les scientifiques découvrent incidemment que l'excès de ces substances présente un effet défoliant. La boule est lancée, elle ne s'arrêtera plus, ce qui changera définitivement le visage de la guerre, dont l'environnement et les populations continuent toujours d'en subir les effets des décennies plus tard.

De la fiole aux champs

Avec le début de la Seconde Guerre mondiale, les chercheurs britanniques décident d'effectuer des tests pour vérifier si certains mélanges ne pourraient pas devenir d'usage militaire. Les essais sont concluants et le gouvernement en est informé.

Se dessine alors le plan d'une pulvérisation à grande échelle au-dessus des champs de l'Allemagne afin de détruire ses récoltes. W. Churchill le refuse en septembre 1942 pour des motifs de coûts et de délai, compte tenu du temps qu'il faudrait pour construire l'usine de production.[82]

Des recherches similaires sont effectuées aux États-Unis, et une substance identique est découverte indépendamment des Britanniques. Il s'agit du 2,4-D pour « acide 2,4-dichloro-phénoxyacétique ». En 1943, le Département de la Défense passe un contrat avec l'Université de Chicago pour étudier les effets de ces deux substances sur les céréales, dont le riz, et les cultures à feuilles larges. C'est à partir de ces recherches qu'est développée la technique d'épandages aériens.

La collaboration se développe de part et d'autre de l'Atlantique, les États-Unis testant plus de 1 100 formules. Des essais avec les substances les plus prometteuses sont effectués en plein champ, par les Anglais en Australie et en Inde, notamment pour constater les effets en zone tropicale, tandis que leurs homologues nord-américains les testent en Floride, au Bushnell Army Airfield. En Inde, par exemple, les opérations ont lieu dans le sud en 1945 et 1946. Voici ce qu'en disent les autorités américaines :

> L'objectif principal des expériences était de déterminer la faisabilité d'infliger des dommages graves ou de détruire des cultures vivrières tropicales par l'application de composés inhibant la croissance [...].[83]

---
82. *New Scientist*, 18 avril 1985.
83. U.S. Department of Veterans Affairs, site officiel.

Les recherches se poursuivent ensuite dans le Maryland à la base de Fort Detrick, alors le centre du programme d'arme biologique des États-Unis. Au final, plus de 12 000 formules sont étudiées, 700 testées et quelques-unes conservées, principalement comme armes antirécolte.

Il est prévu de l'utiliser contre le Japon dès 1946 si la guerre devait perdurer, puis ce sont les champs communistes qui deviennent des cibles potentielles dans l'éventualité où un conflit éclaterait entre l'Est et l'Ouest.

Au début des années 50, des arboricides et des défoliants sont testés en Afrique, notamment au Tanganyika et au Kenya.

Tandis que les États-Unis sont de plus en plus impliqués dans la guerre de Corée (1950-1953), ils décident d'installer sur leurs bombardiers B-47 l'équipement nécessaire pour procéder aux premiers épandages en situation réelle. La guerre se terminant plus tôt que prévu, ils n'ont pas le temps de mettre en œuvre leur nouvelle arme.

En revanche, des informations filtrant de Grande-Bretagne révèlent qu'ils auraient néanmoins effectué avec succès des tests de défoliants sur la végétation coréenne dans les derniers mois de la guerre, notamment avec le 2,4-D, mais aussi le 2,4,5-T[84], un composant du futur agent orange, qui ravagera le Vietnam quelques années plus tard.

Porto Rico est également une zone de test importante : de février 1956 à décembre 1957, nous avons comptabilisé dans les rapports officiels six phases de tests portant sur cinquante-six formules toxiques (défoliants, dessiccants, « agents tueurs ») et cent trente espèces de plantes et arbres tropicaux. Les tests sur l'île reprennent de 1966 à 1968, dont certains effectués avec Dow Chemical.

Le rapport *Oconus*[85] *Defoliation Test Program* daté de juillet 1966 et effectué dans le cadre du Projet Agile (cf. ci-dessous), précise que, depuis 1945,

---

84. Acide 2,4,5-trichlorophénoxyacétique.
85. Oconus = Outside the CONtinental U.S.

une base d'information substantielle a été réunie sur la défoliation chimique par les U.S. Army Biological Laboratories en serres ou dans des tests exploratoires en champ. Les premières applications aériennes extensives de produits chimiques pour la défoliation militaire de forêt furent conduits à Camp Drum, New York, en 1959.

Malgré ces recherches intenses, les Américains ne seront pas les premiers à utiliser cette arme environnementale dans le cadre d'un conflit armé.

L'Urgence malaise

À la fin de la Seconde Guerre mondiale, l'économie de la Malaisie, colonie britannique depuis le XIXe siècle, est laissée exsangue par quatre années d'occupation japonaise. Cela fait le jeu du Parti communiste (MCP), qui voit son influence augmenter et veut chasser le colonisateur anglais.

Le premier acte de « déclaration de guerre » a lieu le 16 juin 1948, lorsque trois managers européens de plantations sont assassinés dans l'État malais du Perak. En réaction, et c'est ce qui a donné son nom à l'événement, le gouvernement britannique prend des mesures d'urgence : interdiction du MCP, pouvoirs de police quasi-absolus, internement sans procès, torture, massacres, destruction de villages... la panoplie habituelle.

La branche armée du MCP entame alors une guérilla contre les intérêts de la Couronne, principalement les mines d'étain et les plantations de caoutchouc, qui dure de 1948 à 1960. Entre temps, la Malaisie obtient son indépendance, en 1957.

Il est estimé qu'au plus fort du conflit, 40 000 soldats britanniques et du Commonwealth (d'Australie et de Nouvelle-Zélande principalement, mais aussi des Fidji et de la Rhodésie) sont mobilisés contre environ 10 000 guérilleros communistes.

Près de deux ans après le début des hostilités, forts de leurs recherches avec les Américains, les Britanniques décident de pulvériser des substances chimiques, à savoir du 2,4,5-T et du 2,4-D, afin de détruire les forêts le long des voies de communication principales et les cultures vivrières. L'objectif est de priver les rebelles d'abris et de nourriture.

Les opérations se poursuivent en 1952, avec d'autres produits chimiques, notamment de la Trioxane. Ainsi sont détruits de juin à octobre environ 500 hectares supplémentaires de forêts.

Les épandages reprennent quelques mois plus tard, en février 1953, l'accent étant mis sur la destruction des récoltes de patates douces et de maïs.

Il semble qu'il n'y ait pas d'informations déclassifiées sur les opérations éventuellement menées par la suite ; en tout cas, nous n'en avons pas trouvées.

En 1960, à la fin du conflit, les États-Unis déclarent que l'usage des défoliants est une tactique de guerre légalement acceptable. Ce n'est évidemment pas une surprise et nous allons comprendre pourquoi.

Le mortel « Projet Agile »

L'Advanced Research Projects Agency (Arpa)[86] est créée en 1958 par le président Dwight D. Eisenhower en réponse au lancement du satellite Spoutnik par les Soviétiques l'année précédente. Sa mission consiste à repousser les frontières de la science dans le domaine militaire et à assurer aux États-Unis la supériorité technologique sur les autres nations en matière d'armement.

Référant directement au Département de la Défense, l'Arpa est à l'origine de nombreuses (r)évolutions technologiques, dont Internet, initié sous le nom « Arpanet ».

En 1960, l'Arpa lance le Projet Agile, dont l'objectif est « la recherche et l'engineering pour les zones de conflit lointaines ». Il est divisé en sept sous-projets, dont le « VI – Projets individuels et spéciaux »

---

86. Son nom a évolué à plusieurs reprises et depuis 1996, cette agence s'appelle désormais la Darpa, pour « Defense Advanced Research Projects Agency », que nous avons déjà croisée ci-dessus.

L'Arme environnementale

nous intéresse particulièrement puisqu'il inclut la « Tâche A – Défoliation » et la « Tâche B – Destruction de récoltes ». Les deux autres parties du sous-projet VI concernent la guerre psychologique et la recherche médicale, autres vastes sujets.

La lecture du rapport portant sur les opérations du second semestre de 1963 nous apprend que

> le Projet Agile a entrepris le développement de systèmes chimiques avec pour objectif d'une part de défolier la végétation indigène et d'autre part de détruire les plantes comestibles dont le Viet Cong dépend.[87]

Sont expliqués ensuite les travaux en cours, dont l'adaptation d'un système pour que les épandages soient effectués à partir soit d'hélicoptères, soit d'avions. Les tests en vol sont effectués de mai à juin 1963 à la base d'Eglin (AFB).[88] Ils donnent entière satisfaction.

Le Projet Agile développe les contenants mais aussi les contenus, puisqu'il s'agit « d'identifier de meilleurs agents pour l'usage militaire de défoliants et de destructeurs de récolte ». Les tests *in situ* sont effectués de mai à décembre 1963 à College Station, Texas, et à Mayaguez, Porto Rico.

La lecture de ce rapport nous apprend aussi qu'un accord est signé avec la Thaïlande pour effectuer des tests. Ainsi, un avion C-45 configuré et équipé en mode épandage lui est livré en décembre 1963, avec le stock de produits chimiques nécessaire.

Pendant ce temps, des botanistes mettent au point leurs bases de données sur la flore des États-Unis, des Caraïbes et de l'Asie du Sud-est, afin d'établir des corrélations par rapport aux substances pulvérisées. Sont même envoyés en Thaïlande des spécialistes, qui, en collaboration avec le Département des forêts thaïlandais, établissent les profils-types des forêts avec le détail de la végétation présente, ainsi que diverses mesures, dont celles concernant la canopée.

---

87. p. 151.
88. AFB = Air Force Base.

Chapitre 3 : La Terre

Ce rapport de l'Arpa annonce que l'ensemble des phases de la mission continue et qu'elle sera terminée au premier trimestre 1965.

Nous reviendrons ci-dessous sur le rôle de la Thaïlande dans le développement de l'arme environnementale contre la végétation, qui servira ensuite à détruire des millions d'hectares au Vietnam.

La Confrontation indonésienne

À la même époque, de 1962 à 1966, un conflit oppose l'Indonésie à la Malaisie, soutenue militairement par l'Australie, la Nouvelle-Zélande et le Royaume-Uni. Entré dans l'histoire sous le nom de « Confrontation indonésienne », il démontre, une nouvelle fois, que les Anglais n'hésitent pas à recourir à l'arme environnementale chimique. Comment l'avons-nous découvert, alors qu'il semble ne pas exister de communication officielle sur le sujet ?

En lisant sur le site du journaliste et écrivain Mark Curtis[89] sa page consacrée à l'Urgence malaise, où un commentaire est posté par Colin J. Andrews, vétéran néo-zélandais ayant combattu lors de la Confrontation indonésienne, dans lequel il explique qu'il vient d'être

> avisé que le gouvernement néo-zélandais a accepté ses revendications d'ordre médical pour avoir été exposé à l'agent orange tandis qu'il servait dans le régiment 1RNZIZ à Balai Ringin, Sarawak, pendant la campagne du Commonwealth britannique de 1966 lors de la Confrontation indonésienne.

Il ajoute :

> Par conséquent, il semble que je sois le premier cas reconnu par un gouvernement du Commonwealth comme ayant été exposé à l'agent orange pendant les conflits malais britanniques des années 40, 50 et 60.

Un second commentaire de sa part quelques mois plus tard, le 1er octobre 2011, confirme l'information

> Je viens juste de recevoir – 29 septembre 2011 – la preuve écrite du [nom d'un service néo-zélandais], communiquée par les Ar-

---

89. https://markcurtis.wordpress.com/2007/02/13/the-war-in-malaya-1948-60/

L'Arme environnementale

chives nationales du Royaume-Uni, référence WO 291 2517 C467958, qui établit que le 2-4-D et le 2-4-5-T (agent orange) et d'autres défoliants chimiques ont été expérimentés par l'armée britannique à Balai Ringin en 1966 pendant la Confrontation indonésienne. Le rapport officiel du gouvernement britannique est intitulé « Operational Requirements & Analysis HQ FARELF Memorandum No. 2/66 by R.I. Herbert, dated July, 1966 ».

Pour en savoir plus, nous avons essayé de retrouver ce rapport, mais sans succès. Un autre commentaire sur cette page du site de Mark Curtis posté le 16 février 2014 par Dick Brookes attire aussi notre attention. Voici un extrait de ce qu'il écrit au sujet de son père qui a combattu en Malaisie autour de 1958 :

> […] il a toujours pensé que les défoliants chimiques étaient responsables des difformités (syndrome de Turner) de sa fille aînée et de la mort de sa seconde fille à quatre semaines (problèmes lymphatiques). Papa mourut tôt aussi, d'un cancer à l'âge de 55 ans.

À ce stade, il est impossible d'en savoir plus sur l'étendue des opérations menées par les Britanniques, car il n'est pas dans leur politique de déclassifier de façon élargie les documents décrivant leurs exactions. Au moins pour deux raisons : la première est que cela donnerait des éclaircissements sur les (ex)actions commises par leurs militaires sous la responsabilité du gouvernement, la seconde est que des informations précises pourraient déboucher sur des procès avec demande de dédommagement, tant de la part des soldats que des civils qui subirent cet empoisonnement chimique. Nous le verrons par la suite, les Britanniques n'appliquent pas cette stratégie aux seules guerres qu'ils menèrent en Malaisie.

L'allié de l'ignoble
Le rapport *Oconus Defoliation Test Program* de juillet 1966 nous apprend que la Division Récoltes de l'U.S. Army Biological Center entame au Sud-Vietnam d'août à septembre 1961 des tests d'épandages aériens et au sol avec l'agent pourpre – il n'y a pas que le

sinistre agent orange – et plusieurs autres produits chimiques, dans le cadre de l'Arpa. Puis, de septembre à octobre 1962 sont effectués les tests de défoliation (agent pourpre) ; ceux pour la destruction des récoltes se déroulent en novembre, avec l'agent bleu.

Les essais doivent être poursuivis, mais ils sont compromis par la situation de guérilla qui se développe dans le pays.

Le programme est alors déplacé en Thaïlande, où le climat et la végétation sont similaires à ceux du Vietnam. Il commence en avril 1963 en collaboration avec le Military Research and Development Center de Thaïlande avant d'obtenir les autorisations gouvernementales et militaires en août pour la phase opérationnelle.

Les essais au-dessus de la forêt thaïlandaise débutent en décembre 1963, à partir d'un bimoteur Beechcraft et se poursuivent jusqu'en avril 1964. Deux sites totalisant 3 400 acres, soit environ 1 400 hectares, sont sélectionnés. La priorité est donnée aux agents pourpre et orange, avec des tests sur de nombreux autres défoliants, y compris des produits dessiccants.

Après la présentation du contexte, le rapport *Oconus Defoliation Test Program* poursuit sur plus de cent pages les tests de tous types qui ont été réalisés, en fonction des produits, de leurs différentes combinaisons, des dosages, des variétés végétales, des conditions climatiques, etc.

Les tests sur la jungle et la forêt thaïlandaises se terminent en 1965, lorsque tout est définitivement prêt pour une utilisation sur une échelle sans précédent.

Ainsi que le révèle un câble du 5 août 1976 publié par WikiLeaks, l'information court que la Thaïlande aurait effectué des opérations de défoliation au Cambodge, qui, comme nous le verrons ci-dessous, a subi de lourds dommages à cause de l'arme environnementale, dans l'indifférence internationale. L'auteur du câble conclut que c'est impossible, car « les militaires thaïs n'ont ni les herbicides ni l'équipement de pulvérisation nécessaire pour remplir de telles missions ». Rien n'est moins sûr au vu du rapport *Oconus Defolia-tion Test Program*, qui prouve exactement le contraire.

De toute façon, même si la Thaïlande n'a pas effectué ces épandages contre son voisin, sa contribution active aux phases de tests n'en rendra la future opération Ranch Hand que plus destructrice pour les forêts indochinoises.

L'effroyable opération Ranch Hand

À la demande du président du Sud-Vietnam, Ngô Dinh Diêm, le président John Kennedy donne son accord en 1961 pour cette gigantesque guerre environnementale et chimique, d'abord nommée « Trail Dust Operation » puis « Hades Operation », du nom du dieu des enfers, avant de devenir « Operation Ranch Hand ».

En conséquence, à partir de janvier 1962 jusqu'en 1971, l'armée américaine déverse en près de 20 000 missions de vols environ 75 millions de litres de défoliants sur le Sud-Vietnam, afin de lutter contre le Viet Cong en détruisant les forêts et les récoltes. Cette opération est largement connue, donc nous resterons synthétiques.

Ce sont des entreprises privées comme Dow Chemical et Monsanto qui fournissent les produits. Ils sont appelés « agent rose », « agent bleu », « agent orange », « agent pourpre », etc. en fonction de la bande de couleur apposée sur les bidons. Le plus utilisé est l'agent orange, pour environ les deux tiers du total. Or, ce produit contient de la dioxine, produit hautement toxique et dangereux pour tout le vivant.

Il est d'ailleurs estimé que plus de 40 000 vétérans souffrent de cancer après y avoir été exposés. À l'époque, le produit est considéré comme sans danger par les militaires et leurs fournisseurs chimiques. Pourtant, des

> craintes sont exprimées dès le départ sur la toxicité de l'agent orange, pour les êtres humains comme pour les végétaux. En 1964, la Fédération des scientifiques américains condamne l'opération Ranch Hand, en la considérant comme une expérience chimique injustifiée. Elle n'a toutefois été suspendue qu'après la publication de plusieurs rapports en 1970 et 1971,

qui établissaient un lien entre les malformations de nouveau-nés et l'agent orange.[90]

Effectivement, les États-Unis stoppent les épandages en octobre 1971, après neuf ans d'utilisation intensive, mais « l'armée du Sud-Vietnam continue de répandre divers produits chimiques jusqu'en 1972 ».[91]

C'est entre trois et cinq millions de Vietnamiens qui y auraient été exposées, avec, pour conséquences, des cancers, des maladies de la peau, de Parkinson, etc., y compris des maladies rares. Dans les années 70, des taux de dioxine anormalement élevés sont mesurés dans le lait maternel des femmes du Sud-Vietnam. Entre 150 et 500 000 enfants seraient nés avec des malformations congénitales. Il est constaté par la suite que les enfants de la troisième génération naissent également avec des infirmités et des malformations. L'agent orange poursuit son œuvre de destruction à travers le temps. Jusqu'à quand ?

Le premier écocide délibéré ?

À côté, la destruction de l'environnement semblerait presque dérisoire si elle n'obérait pas l'avenir des générations futures. Citons les principaux chiffres, pour que ne soit jamais oubliées les conséquences de l'arme environnementale, qu'elle soit chimique ou non :

- près du quart de la terre du Sud-Vietnam reçoit au moins une fois ces pulvérisations chimiques ;

- plus de deux millions d'hectares de forêts sont défoliés, avec des conséquences incalculables, comme la disparition de certaines espèces d'arbre, des espèces animales en voie d'extinction, des équilibres définitivement bouleversés, dont certains ne retrouveront jamais leur état d'origine, et d'autres pas avant 2050 ou 2070, c'est-à-dire jusqu'à cent ans après les faits ;

---

90. Fred Pearce, *Le Courrier de l'Unesco*, mai 2000.
91. *History: Agent Orange/Dioxin in Vietnam*, The Aspen Institute, www.aspeninstitute.org, août 2011.

- la disparition des forêts provoque aussi l'érosion et l'appauvrissement irrémédiables des sols ;
- plus de 100 000 ha de mangrove sont touchés, dont un tiers vital pour l'écologie des côtes, sérieusement endommagé voire détruit ;
- 43 % de la superficie cultivée est affectée, avec la destruction de 60 % des plantations de caoutchouc et 43 % des vergers ;
- plus de 200 000 ha de cultures sont détruits, principalement des rizières ;
- de 20 à 90 millions de mètres cubes de bois sont perdus. Etc.

Une quinzaine d'années après la fin des opérations d'épandage, voici le constat dressé :

> En 1988, la forêt est tombée à son plus bas niveau historique avec 21 % de la surface des terres. Les scientifiques vietnamiens estiment que le pays doit ramener la superficie autour de 50 % pour éviter un désastre environnemental.[92]

Rappelons aussi que le Vietnam subit entre trois et quatre fois le tonnage total de toutes les bombes larguées pendant la Seconde Guerre mondiale, tous belligérants et pays inclus. À cause de ces bombardements inouïs, plus de 20 000 000 de cratères déforment toujours le sol, qui a été rendu stérile par suite de la destruction de la couche d'humus. De plus, ces cratères gênent le système de drainage et se remplissent d'une eau qui croupit, favorisant la prolifération des insectes, des germes et des maladies.

Signalons enfin que près d'un demi-million de tonnes de ces bombes n'ayant pas explosé après avoir été larguées, elles ont déjà tué depuis la fin de la guerre entre 100 et 200 000 personnes, principalement des enfants[93].

Malheureusement, il y eut le Vietnam, mais pas seulement.

---

[92]. *Green Left Weekly*, 14 juillet 1993, https://www.greenleft.org.au/node/6044
[93]. *The Effects of Agent Orange and its Consequences*, André Bouny, Global Research, 16 janvier 2007.

Chapitre 3 : La Terre

La « seconde guerre de Corée » (1966-1969)

Durant cette période se déroulent de nombreux combats de part et d'autre de la zone de démilitarisation (DMZ) entre la Corée du Nord et la Corée du Sud, toujours défendue par les États-Unis.

Les affrontements culminent avec la capture de l'USS *Pueblo* dans les eaux internationales par les Nord-Coréens en janvier 1968.

Tandis qu'il est déjà lourdement engagé dans la guerre contre le Vietnam, le président Lyndon Johnson ne souhaite pas ouvrir un second front majeur. Il ordonne néanmoins une démonstration de force avec plus de deux cents avions et navires, mais donne surtout pour instruction d'entamer les négociations pour le retour de l'USS *Pueblo*.

C'est à partir de ce moment que les forces armées américaines font appel à l'agent orange, qui donne déjà toute satisfaction dans l'opération Ranch Hand. S'appuyant sur des documents militaires officiels, un jugement d'appel rendu le 11 janvier 2011 nous précise les faits, dont voici un extrait :

> Le Département de la Défense (DOD) a confirmé que l'agent orange a été utilisé le long de la zone coréenne démilitarisée (DMZ) d'avril 1968 à juillet 1969. [...] La taille de la zone traitée est une bande de terre de 240 km de long et jusqu'à 320 m de large, de la barrière au nord de la « ligne de contrôle civile ». Il n'y a pas d'indication que les herbicides furent répandus à l'intérieur même de la DMZ. [...] les effets des épandages furent parfois constatés aussi loin que 200 m sous le vent. Le nombre estimé de personnel exposé est de 12 056.

Le Département de la Défense indique au total 59 000 gallons (un peu plus de 220 000 litres) pulvérisés sur 21 000 acres, soit 8 500 hectares.

Ce procès est intenté par un vétéran ayant servi dans la DMZ pour la prise en charge des maladies qu'il a contractées à son retour, dont de la neuropathie périphérique et un cancer de la prostate. Le tribunal considère qu'aucun lien ne peut être établi entre son état de santé et sa période de service, et le déboute de toutes ses demandes.

Outre la confirmation que les herbicides et les défoliants ne furent pas utilisés uniquement au Vietnam, ce jugement nous informe qu'environ 12 000 personnes furent exposées à ces risques toxiques.

Les autorités sud-coréennes mènent aussi leur enquête à partir de documents déclassifiés par les États-Unis. Elles estiment que 30 000 de leurs soldats souffrent de maladie(s) suite à leur présence sur la DMZ. À notre connaissance, ils ne bénéficièrent d'aucun dédommagement, en tout cas, pas de la part des États-Unis.

Semé à tous les vents

Un article du *Japan Times* intitulé *Agent Orange 'tested in Okinawa'*[94] révèle que

> des documents récemment découverts montrent que les États-Unis conduisent des tests top-secret sur l'agent orange à Okinawa en 1962, selon une employée du service des vétérans.

Cette employée, Michelle Gatz, commence son enquête lorsqu'un vétéran prétend qu'il a été empoisonné dans les ports d'Okinawa au début des années 60. Elle réunit suffisamment d'éléments pour que le Pentagone déclenche une enquête de neuf mois, concluant toutefois que l'agent orange n'a jamais été transporté à Okinawa. Pourtant, plus d'une trentaine de vétérans souffrant de maladies apparentées aux conséquences d'une exposition à la dioxine affirment que l'agent orange était présent dans quinze installations militaires d'Okinawa. Au passage, nous apprenons aussi en lisant l'article que le gouvernement panaméen révèle que les États-Unis y testèrent l'agent orange au début des années 60.

De nouveaux éléments continuent d'être versés au dossier, attestant de la présence de l'agent orange dans l'île, mais le Département de la Défense considère l'affaire close. En effet, l'enjeu financier est colossal : reconnaître que l'agent orange est responsable des mala-

---

94. *Agent Orange 'tested in Okinawa'*, Jon Mitchell, *The Japan Times*, 17 mai 2012.

dies de ces dizaines de milliers de vétérans américains, sans parler des populations indigènes militaires et civiles, reviendrait à ouvrir la boîte de Pandore des indemnisations. Afin de ne pas grever le budget de la Défense – il faut bien financer certains programmes comme l'avion F-35 –, la tactique choisie consiste à jouer la montre en attendant que les « exposés à l'agent orange » meurent, avant de reconnaître officiellement les faits peut-être un jour.

D'ailleurs, sous la pression des vétérans, qui pèsent d'un pouvoir certain aux États-Unis – un pays qui est en guerre permanente – est voté l'Agent Orange Act of 1991, qui permet à ceux qui servirent au Vietnam et furent exposés à la dioxine ou aux autres substances toxiques des herbicides de bénéficier de soins de santé et d'autres avantages. Mais ceux qui combattirent en Corée autour de la zone démilitarisée ne sont pas pris en charge.

Le *Japan Times* continue de publier des articles sur le sujet, en apportant de nouveaux éléments. Celui du 4 juin 2013, un an après le premier article, synthétise ainsi de façon très intéressante les lieux d'épandages :

> Les endroits où le Pentagone admet l'usage de l'agent orange : le Cambodge, le Canada, la Corée, le Laos, Porto Rico, la Thaïlande, les États-Unis et le Vietnam.
>
> Ceux où les vétérans américains et les résidents locaux prétendent que l'agent orange a été utilisé, mais le Pentagone réfute leurs allégations : l'île de Guam, l'atoll Johnston, le Japon (les îles centrales), Okinawa, Panama, les Philippines et Saipan [NdA : la plus grande des îles Mariannes du Nord].[95]

Ainsi, l'agent orange et son cortège coloré mortifère ne sévirent pas qu'au Vietnam, contrairement à ce que le gouvernement des États-Unis a toujours voulu faire croire au monde.

---

95. *As evidence of Agent Orange in Okinawa stacks up, U.S. sticks with blanket denial*, Jon Mitchell, *The Japan Times*, 4 juin 2013.

En guerre avec le Canada ?

Il est surprenant de trouver ce pays dans la liste des lieux d'épandages reconnus par le Pentagone. Wikipedia nous apprend toutefois que les militaires états-uniens, avec la permission du gouvernement canadien, testent des herbicides, dont l'agent orange, au-dessus des forêts du Nouveau-Brunswick, à proximité de la base de Gagetown, pendant trois jours en 1966 et quatre jours en 1967. Le *Portland Press Herald*[96] précise que les épandages sont effectués à partir d'hélicoptères sur 166 parcelles. *The Canadian Encyclopedia* nous informe également que

> les pilotes de bombardiers américains s'entraînent au bombardement en tapis dans le ciel de Suffolk (Alberta) et de North Battleford (Saskatchewan) avant de se rendre en Asie du Sud-Est.[97]

Ces essais sans doute plurent tellement aux autorités canadiennes, qu'un article de CTV News,[98] une chaîne de la région de Vancouver, nous révèle que :

> Les herbicides causant le cancer dénommés « agent orange » furent pulvérisés par le gouvernement de la Colombie britannique pendant les années 60 et 70, selon des documents obtenus par CTV News.
>
> Les données montrent que des dizaines de milliers de litres de cette mixture toxique furent répandus pour nettoyer la forêt, et le long des lignes d'électricité – et parfois elle fut répandue à proximité des maisons.

La Colombie britannique n'est pas le seul État canadien à avoir eu la brillante idée d'utiliser l'agent orange à des fins civiles, puisque l'Ontario en fait de même. Qu'ils n'aient pas eu connaissance de la toxicité du produit, admettons-le pour les années 60, mais c'est inconcevable pour la décennie suivante, car le Congrès américain

---

96. *Collins, King seek study of Agent Orange link to ill veterans*, Eric Russell, *Portland Press Herald*, 26 décembre 2013.
97. http://www.thecanadianencyclopedia.com/fr/article/viet-nam-guerre-du/
98. *Toxic 'Agent Orange' sprayed in B.C.: documents*, Jon Woodward, CTV News, 4 avril 2012.

force les militaires à arrêter l'utilisation de ce produit dès 1970, sans parler du scandale à Okinawa de 1969, qui débouche plus tard sur l'opération Red Hat, dont nous parlerons ci-dessous.

Manifestement, les dirigeants canadiens ignorent l'actualité internationale.

Bombardements sur le Laos

Ce pays figure également dans la liste du Pentagone, en compagnie du Canada. Le site Agent Orange Record[99] nous informe que

> des enregistrements de vol montrent que des missions de pulvérisation furent effectuées au Laos sur 209 dates entre 1965 et 1970, avec au minimum 537 495 gallons déversés [plus de deux millions de litres]. Les épandages les plus importants se produisirent durant la première moitié de 1966 et continuèrent à un rythme régulier jusqu'en février 1967, après quoi ils devinrent intermittents jusqu'à la fin, en octobre 1970. La plupart des épandages furent coordonnés à partir de la base aérienne de Bien Hoa et faisaient partie de l'opération Ranch Hand [...].

> Comme au Vietnam, l'agent orange fut utilisé non seulement pour défolier la nature, mais aussi pour détruire les récoltes. Des données du Military Assistance Command Vietnam (MACV) montrent que soixante-quatre missions de destruction des récoltes eurent lieu entre septembre 1966 et septembre 1969, au-dessus d'un total de 20 485 acres [environ 8 300 ha].

> [...] jusqu'en septembre 1969, l'U.S. Air Force pulvérisa 419 850 gallons [environ 1,6 million de litres] au-dessus de 163 066 acres [environ 66 000 ha] du Laos. [...]

> Tout comme les bombardements contre le Laos pendant la guerre du Vietnam, l'usage des herbicides fut gardé secret et révélé qu'à partir de 1982.

« Bombardements contre le Laos » ? Il s'agit effectivement d'une guerre peu connue menée par les États-Unis contre ce petit pays de

---

99. www.agentorangerecord.com

la péninsule d'Indochine. Voici un résumé par Legacies Of War[100] :

> De 1964 à 1973, les États-Unis lâchèrent sur le Laos plus de deux millions de tonnes de bombes en 580 000 missions – ce qui équivaut à une bombe toutes les huit minutes, vingt-quatre heures par jour durant neuf ans – faisant du Laos le pays le plus bombardé par habitant de l'histoire. Les bombardements faisaient partie de la guerre secrète U.S. au Laos pour soutenir le gouvernement monarchique contre le Pathet Lao,[101] et pour interdire le trafic le long de la piste Ho Chi Minh. Les bombardements détruisirent beaucoup de villages et déplacèrent des centaines de milliers de civils durant les neuf années.

Ces frappes s'effectuent sous le nom de code « Operation Menu » jusqu'en 1970 puis « Operation Freedom Deal » jusqu'en 1973. Elles sont aussi destinées au voisin cambodgien.

Et pourtant, le Cambodge était neutre

À l'époque de la guerre du Vietnam, le gouvernement cambodgien du prince Norodom Sihanouk n'a, officiellement, aucune relation diplomatique avec les États-Unis et a déclaré sa neutralité dans le conflit. Un article du *New York Times* du 9 mai 1969 de William Beecher révèle cependant que l'armée américaine bombarde secrètement le Cambodge depuis deux mois. La raison alléguée est que les Nord-Vietnamiens utilisent comme base arrière et sanctuaire le territoire de l'autre côté de la frontière, notamment la province cambodgienne du Kampong Cham. Des opérations d'épandage de défoliants y sont aussi menées à partir du 18 avril jusqu'au 2 mai 1969, dont sont victimes les plantations franco-cambodgiennes de caoutchouc de la région.

Le 2 juin 1969, les États-Unis reçoivent une protestation officielle de la part du gouvernement cambodgien déclarant que les défoliations majeures subies par les plantations de caoutchouc, d'arbres

---

100. www.legaciesofwar.org
101. Mouvement indépendantiste à l'origine, il devient nettement communiste pendant la guerre froide et finit par prendre le pouvoir au Laos en 1975.

fruitiers et de diverses cultures à côté de la frontière avec la République du Vietnam sont le résultat de leurs épandages. En réponse, le Département d'État propose d'envoyer une équipe d'experts pour examiner la zone où les dommages sont supposés s'être produits. Les Cambodgiens acceptent et l'équipe se réunit à Saïgon dès le 27 juin pour un premier briefing. L'objectif de la mission est « de déterminer la cause, la gravité, l'origine et l'ampleur des dommages signalés sur les arbres à caoutchouc et les arbres fruitiers ».[102]

L'équipe de quatre experts conclut qu'une faible partie de la défoliation peut avoir été causée par les produits chimiques apportés par les vents soufflant du Vietnam, mais que l'essentiel des dommages provient d'opérations directes d'épandages. Les dégâts sont substantiels, avec environ 70 000 ha pulvérisés, dont autour de 10 000 ha gravement touchés. Les dégâts sont tels dans la zone la plus à l'est, à Mimot, qu'il est impossible d'évaluer les dommages causés par les épandages et d'en demander réparation. Un câble du 14 mai 1976 publié par WikiLeaks nous apprend néanmoins que Guillaume Georges-Picot, vice-président des plantations de caoutchouc de Mimot, avec le soutien officiel du ministère des Affaires étrangères français, se rend aux États-Unis pour discuter de la compensation financière pour les pertes subies à la suite de la défoliation de 1969. WikiLeaks ne précise pas s'il a obtenu satisfaction, et pour quel montant. Toutefois :

> Les plantations de caoutchouc totalisaient environ un tiers de la superficie du Cambodge et ces défoliations représentèrent une perte de 12 % des recettes d'exportation.[103]

Le gouvernement cambodgien émet en novembre 1969 une demande de dédommagements à hauteur de 12,2 millions de dollars de l'époque. Le mois suivant, une délégation internationale menée par les deux scientifiques E. W. Pfeiffer et Arthur Westing visite les sites touchés. Elle conclut que les États-Unis sont bien responsables

---

102. *Report of Cambodian Rubber Damage*, C. E. Minarik, Director, Plant Sciences Laboratories, Fort Detrick, Department of the Army, 11/12/1969.
103. *Agent Orange in Cambodia: The 1969 Defoliation in Kampong Cham*, Andrew Wells-Dang, août 2002.

L'Arme environnementale

de ces épandages, mais, de façon surprenante, qu'ils n'ont pas été exécutés par l'U.S. Air Force. Alors par qui ?

Tout indique, y compris des documents déclassifiés par la suite, que c'est la CIA qui serait à l'origine de ces opérations, ou « toute agence similaire des États-Unis active en Asie du Sud-est [...] probablement sans l'accord ou même en avoir informé »[104] les ambassades américaines et l'U.S. Air Force. Les opérations auraient été menées par Air America, société connue pour sa proximité avec la CIA jusqu'à sa dissolution en 1976.

Les épandages semblent cesser à partir de mai 1969, mais le Cambodge continue de subir, tout comme le Laos, de violents bombardements par l'aviation nord-américaine. Au final, il possède le sinistre privilège d'être le pays le plus bombardé de l'histoire par les États-Unis, avec 2,7 millions de tonnes de bombes, soit près d'un million de tonnes de plus que le Japon pendant toute la Seconde Guerre mondiale, causant directement la mort d'au moins 500 000 personnes, sans compter les victimes de maladie, de famine et de déplacement forcé pendant la période. À part les Cambodgiens, qui se souvient ou même a connaissance de cette folie ?

Enfin, et ce n'est pas le moindre des maux, ces campagnes de bombardements aveugles et d'utilisation de l'arme environnementale – véritables crimes contre l'Humanité – favorisent l'arrivée d'un nouveau fléau : la prise du pouvoir par le régime des Khmers rouges, qui fit encore plus de victimes civiles.

L'opération Red Hat

Le danger avec l'arme environnementale, c'est qu'elle peut frapper même lorsqu'elle n'est pas utilisée. Ainsi, en 1970, le Congrès force l'armée à arrêter les épandages de produits toxiques sur le Vietnam à la suite de la publication d'études prouvant leur lien avec le cancer et les malformations congénitales. Le problème qui se pose alors est

---

104. A.H.Westing, E.W. Pfeiffer, J. Lavorel, and L. Matarasso, *Report on Herbicidal Damage by the United States in Southern Cambodia*, December 31, 1969, in Thomas Whiteside, Defoliation (Ballantine/Friends of the Earth, 1970), pp. 117-32 ; Whiteside, Defoliation, pp. 14-6, cité par Andrew Wells-Dang.

de savoir que faire des dizaines de milliers de barils d'agent orange en stock.

Un événement force le Pentagone à trouver une solution plus rapidement que prévu. Jon Mitchell relate dans son article *Exclusive: Red Hat's lethal Okinawa smokescreen*[105] qu'en

> juillet 1969, les fuites provenant d'armes chimiques à Okinawa rendent malades plus de vingt soldats et révèlent l'un des plus grands secrets du Pentagone pendant la guerre froide : le stockage de munitions toxiques en dehors du territoire des États-Unis.

Les autorités militaires commencent par nier le fait qu'ait été entreposé de l'agent orange à Okinawa. Or, des documents internes découverts ultérieurement prouvent que jusqu'à 25 000 barils d'agent orange y furent stockés, servant à approvisionner l'opération Ranch Hand. La colère de l'opinion publique force alors la Maison Blanche à lancer l'opération Red Hat, le nom de code de la mission ayant pour but d'enlever de l'île ces produits toxiques. La décision est donc prise de les stocker à près de 1 400 km de distance, dans le Pacifique Nord, sur l'atoll Johnston, entièrement sous juridiction militaire états-unienne. Ils sont acheminés à partir de 1971.

Sauf qu'en 2014, des douzaines de barils abîmés par la rouille sont déterrés d'un ancien terrain militaire à Okinawa.[106] Leur contenu ? Des composants toxiques de l'agent orange. Tout n'a donc pas été retiré, malgré les risques environnementaux qu'ils représentent au cours des décennies à venir. Rappelons que certains de ces produits contiennent de la dioxine. D'autres informations filtrent dans le cadre de cette opération Red Hat : des « tonnes » de barils auraient été jetés à la mer, dont parfois au large des côtes. Ce qui est encore plus édifiant, c'est que l'article confirme qu'il s'agissait d'une procédure standard :

---

105. *Exclusive: Red Hat's lethal Okinawa smokescreen*, Jon Mitchell, *The Japan Times*, 27 juillet 2013.
106. *Agent Orange ingredients found at Okinawa military dumpsite*, Jon Mitchell, *The Japan Times*, 11 juillet 2014.

L'Arme environnementale

> Lorsque des fuites se produisaient sur des bases aux États-Unis, l'armée suivait la procédure standard pour s'en débarrasser : les conteneurs défectueux étaient emmenés en mer puis jetés par-dessus bord.

Comme il est estimé que ce type de baril peut résister quarante à cinquante ans au fond de l'eau, un rapide calcul nous permet d'apprécier qu'une catastrophe marine est envisageable dans un avenir proche, voire déjà en cours. Quant aux bidons enfouis ayant commencé à fuir, les effets peuvent s'avérer dramatiques, tout particulièrement si les produits toxiques atteignent les nappes phréatiques.

Une commission évalue en 2012 le coût de la dépollution consécutive aux opérations militaires états-uniennes à un milliard de dollars, dont 400 millions uniquement pour l'agent orange. À notre connaissance, pas grand chose a été entrepris depuis, au mépris de la population et de l'environnement.

Okinawa prouve que même si les herbicides et défoliants sont seulement stockés, pas même testés ou déployés, leurs effets sont toujours terribles pour ceux qui les subissent, d'autant plus qu'ils perdurent souvent pendant des dizaines d'années. Une partie des armes environnementales partage ce triste privilège avec l'arme nucléaire.

On comprend pourquoi les habitants d'Okinawa refusent et protestent contre la présence de l'armée américaine sur leur île, dont les bases en occupent 20 %, en osant défier le pouvoir central de Tokyo.

Le poison qui s'étend

Le nom « agent orange » est forcément associé au Vietnam et à cette guerre que l'on ne peut que qualifier d'« inutile » lorsqu'on l'étudie, mais c'est un autre sujet. Or, nous avons montré que furent aussi exposées et touchées des centaines de milliers de personnes au Cambodge, au Laos, en Thaïlande, au Canada, à Porto Rico et, bien sûr, aux États-Unis.

L'agent orange est également utilisé en Corée à partir de 1968. Dix ans plus tard, soit en 1978, le vétéran Steve House, qui fut employé sur la base de Camp Carroll, située à une vingtaine de kilomètres de Daegu, reçoit l'ordre, avec quatre de ses compagnons, de creuser une énorme tranchée et d'y enfouir 250 bidons de produits chimiques. Il témoigne :

> Ils ne m'ont pas dit ce que nous enterrions, mais il était écrit en lettres jaune et orange brillant sur le côté de ces barils de 55 gallons : « Province du Vietnam, Composé orange ». Nous savions que cette substance était mauvaise, et j'ai ressenti beaucoup de culpabilité par rapport à ce que j'ai fait aux Coréens. Je me suis aussi senti trahi par mon propre gouvernement et le pays que j'aime.[107]

Au passage, nous noterons la mention « Province du Vietnam »... Nous ignorions que le Sud-Vietnam était une province des États-Unis. Au moins, c'est clair. Le problème est que

> le gouvernement n'a jamais beaucoup parlé des moyens supposés nocifs que le Département de la Défense a utilisés pour entreposer, tester puis éliminer l'agent orange sur les bases militaires américaines à travers le monde avant, pendant et après la guerre.

Rien qu'aux États-Unis, l'ancien élu démocrate Lane Evans, membre du House Veterans Affairs Committee, déclare à la presse que « l'agent orange fut utilisé et stocké dans pas moins de trente sites militaires » de l'est à l'ouest du pays. Sur la page « Herbicide Tests and Storage in the U.S. » de son site, l'U.S. Department of Veteran Affairs recense cinquante-cinq projets de tests et de stockage dans vingt-et-un États américains.[108]

Et, en toute irresponsabilité, non seulement les militaires ont jeté à

---

107. *Dark Legacy: Long After The End Of The Vietnam War, New Questions Raised About Agent Orange Exposure – Including For Soldiers And Civilians In The U.S. And Abroad*, Jamie Reno, *International Business Times*, 7 mars 2014.
108. Arizona, Arkansas, Californie, Floride, Georgie, Hawaï, Indiana, Kansas, Kentucky, Maryland, Mississippi, Montana, New York, Dakota du Nord, Pennsylvanie, Rhode Island, Tennessee, Texas, Utah, Washington, Wisconsin.

la mer et enterré des milliers de barils d'agents chimiques toxiques, mais, de plus, ils l'ont parfois fait à proximité de champs, de rizières, et même des écoles pour les enfants du personnel de la base, comme à Okinawa.

Bien qu'il n'y ait plus de doute sur les conséquences sanitaires de ces produits toxiques, il n'est pas reconnu à l'immense majorité de leurs victimes le droit de se faire indemniser, voire prendre en charge, pour les troubles et maladies dont elles souffrent encore longtemps après.

Des procès perdus d'avance ?
Il était inévitable que la voie judiciaire soit empruntée par les vétérans américains victimes de l'agent orange. Après des années de procédures individuelles à partir de 1978, une class action ou action collective portant sur des milliards de dollars est entamée en mai 1984 par près de 40 000 militaires ayant servi au Vietnam entre 1961 et 1972. Afin d'éviter un long procès, qui, de plus, aurait été préjudiciable pour leur image et leurs intérêts, les sept sociétés accusées, dont Dow Chemical, Monsanto, Diamond Shamrock..., font la proposition, qui parut dérisoire bien qu'acceptée par les vétérans de guerre, de créer un fonds de 180 millions $ pour les victimes et leur famille. D'autres actions suivent, mais cela nous entraînerait hors de notre sujet, d'autant plus que certaines procédures continuent toujours, y compris à l'étranger, comme en Corée du Sud.

Signalons toutefois qu'un groupe de victimes vietnamiennes saisit à son tour la justice américaine le 31 janvier 2004, mais leur plainte est rejetée, pour l'un des motifs suivants :

> Si les Américains étaient coupables de crimes de guerre pour avoir utilisé l'agent orange au Vietnam, les Britanniques seraient aussi coupables de crimes de guerre puisqu'ils étaient la première nation à utiliser des herbicides et des défoliants dans la guerre et à les utiliser à grande échelle tout au long de l'Urgence malaise. Non seulement il n'y eut pas de tollé de la part d'autres États en réponse à cette utilisation de la

Grande-Bretagne, mais les États-Unis considéraient que cela constituait un précédent pour l'utilisation d'herbicides et de défoliants dans la guerre de jungle.[109]

L'argumentation peut paraître étrange, mais elle est imparable pour la justice américaine : la plainte est portée ensuite en appel puis devant la Cour suprême, avec le même résultat négatif.

En contravention des conventions ?

Sans aucun doute, la guerre environnementale à l'aide des herbicides et des défoliants a des effets « durables, étendus et graves », pour reprendre la terminologie de la Convention Enmod. Elle n'existe pas encore au moment de la guerre du Vietnam, mais les exactions des Britanniques et des Américains avec cette arme environnementale auraient dû les exposer à l'accusation de guerre chimique, avec toutes les conséquences de responsabilité en découlant.

En effet, ainsi que nous l'avons vu au Chapitre 1, la convention de La Haye (1907) interdit l'usage de poisons et d'armes empoisonnées, tandis que le Protocole de Genève (1925) interdit la guerre avec des gaz asphyxiants, toxiques ou similaires et des moyens bactériologiques.

Signalons tout d'abord que les États-Unis ne le ratifient que le 10 avril 1975, soit à la fin de la guerre du Vietnam. Légalement, ils ne sont donc pas tenus par ces dispositions au moment de l'opération Ranch Hand.

Même après l'avoir ratifiée, ils continuent de considérer que la Convention de Genève ne s'applique pas aux herbicides et aux produits chimiques utilisés. Ainsi que le rapporte le Comité international de la Croix-Rouge[110], les Britanniques déclarent même en 1969 lors d'un débat à l'Assemblée générale pour élargir la prohibition des armes chimiques et bactériologiques :

> Les preuves nous semblent notoirement inadéquates pour soutenir l'assertion que l'utilisation pendant la guerre de subs-

---
109. Source : Wikipedia / Agent Orange.
110. https://www.icrc.org/customary-ihl/eng/docs/v2_cou_gb_rule76

tances chimiques spécifiquement toxiques pour les plantes est interdit par la loi internationale.

Du strict point de vue juridique, on ne peut pas leur donner tort. Lors de ces débats, le représentant des États-Unis s'oppose également à toute résolution, arguant du principe qu'« il était inapproprié pour l'Assemblée générale d'interpréter les traités au moyen d'une résolution ».[111]

Cette résolution présentée initialement par vingt-et-une nations dont douze pays non-alignés est adoptée le 16 décembre 1969 sous le numéro 2603 (XXIV), par quatre-vingts voix pour, trois contre (Australie, États-Unis, Portugal) et trente-six abstentions, dont la France et le Royaume-Uni. La France, comme d'autres pays abstentionnistes, accepte l'interprétation élargie du Protocole de Genève, mais considère qu'une résolution n'est pas adaptée pour ce type de décision, rejoignant ainsi la position américaine. Voici un extrait de cette Résolution 2603 (XXIV) :

> Déclare contraire aux règles généralement acceptées du droit international, telles qu'elles sont énoncées dans le Protocole concernant la prohibition d'emploi & la guerre de gaz asphyxiants, toxiques ou similaires et de moyens bactériologiques, signé à Genève le 17 juin 1925, l'utilisation dans les conflits internationaux armés de :
>
> a) Tout agent chimique de guerre – substances chimiques, qu'elles soient à l'état gazeux, liquide ou solide – en raison de ses effets toxiques directs sur l'homme, les animaux ou les plantes ;

Malheureusement, ce texte n'est pas suivi d'effets immédiats puisque ces produits sont utilisés au Vietnam jusqu'en 1972. Combien de milliers voire de dizaines de milliers de victimes auraient ainsi été évitées pendant ces trois ans, sans parler des répercussions sur l'environnement ?

---

111. U.S. Département d'État, site officiel.

Le pire aurait pu être pire encore

Le site Histoire & Mesure publie sous la plume de Thao Tran, Jean-Paul Amat et Françoise Pirot une analyse intéressante intitulée *Guerre et défoliation dans le Sud Viêt-Nam, 1961-1971 – Aux sources de l'histoire*,[112] dont voici un extrait :

> D'autres opérations visent à déclencher d'importants incendies pour provoquer des pertes civiles. L'objectif est d'appliquer à de grandes étendues de forêt, au préalable défoliées, la technique, à base de bombes au phosphore, découverte par hasard lors des bombardements de Hambourg et de Dresde en 1944. La brutale aspiration d'oxygène que déclenche l'intense combustion du *firestorm* engendre alors des vents d'allure cyclonique qui se précipitent vers le feu à des vitesses qui peuvent dépasser 200 km/h et le phénomène prend une allure exponentielle. Si cette technique a été utilisée de manière efficace en Amérique latine, plusieurs tentatives au Viêt-Nam ont avorté à cause de la très forte humidité de l'atmosphère et de la forêt, même durant les années 1961 à 1968, où l'utilisation des herbicides avait atteint son point culminant.

On n'ose imaginer les conséquences s'il y avait eu moins d'humidité...

Au secours, le napalm !

Le pire fut pire quand même, comme toujours ou presque dans les guerres modernes, avec l'utilisation à grande échelle du napalm. Inventée en 1942 à l'Université Harvard, cette substance à base d'essence a pour objectif de brûler en profondeur les victimes, en leur collant à la peau et à leurs vêtements, sans qu'il soit possible d'arrêter la combustion. Les températures atteignent entre 800 et 1 200° C.

On saisit aisément les effets sur la végétation et l'environnement : lâché sur les écosystèmes, le napalm les détruit pour plusieurs années, et parfois de façon irrémédiable, car de nouvelles espèces

---
112. https://histoiremesure.revues.org/2273

L'Arme environnementale

végétales à faible valeur viennent remplacer les arbres aux essences précieuses, et des espèces animales empruntent la voie de l'extinction...

Le napalm n'est pas une exclusivité de la guerre du Vietnam, puisqu'il est utilisé à de nombreuses reprises dès la Seconde Guerre mondiale, notamment dans les bombardements de Hambourg, Berlin, Dresde, Tokyo... Ainsi, à Tokyo, une version initiale du napalm est utilisée contre la population le 9 mars 1945 par le largage massif de bombes incendiaires en contenant (opération Meetinghouse). L'historien Gabriel Kolko rapporte que les militaires nord-américains considérèrent l'opération comme un « succès » : ils avaient tué environ 125 000 Japonais en une attaque...[113]

Quatre ans plus tard, pendant la guerre civile en Grèce (1946-1949), ils récidivent en larguant près de quatre cents bombes au napalm sur les retranchements en montagne de l'Armée démocratique de Grèce (Parti communiste).

Il n'est pas non plus une exclusivité de l'armée américaine, puisque plusieurs pays l'ont utilisé, ainsi que le recense Wikipedia,[114] dont la France, en Indochine, en Algérie et même au Cameroun. Par exemple, voici ce qu'écrivent Jean-Charles Jauffret, Maurice Vaïsse et Charles Robert Ageron dans *Militaires et guérilla dans la guerre d'Algérie* :

> Les manœuvres et les opérations des unités de combat [...] eurent quelquefois une très grande envergure : des régions entières furent vidées de leur population (zones interdites, et parfois bombardements de napalm). Le visage de l'Algérie en fut profondément modifié.[115]

Au Cameroun, dans cette sale guerre qui, officiellement, n'eut jamais

---

113. Gabriel Kolko, *The Politics of War: The World and United States Foreign Policy, 1943–1945*, Random House, 1968.
114. https://en.wikipedia.org/wiki/Napalm et https://fr.wikipedia.org/wiki/Napalm.
115. *Militaires et guérilla dans la guerre d'Algérie*, Jean-Charles Jauffret, Maurice Vaïsse, Charles Robert Ageron, Editions Complexes, 2001, p. 387.

lieu, « des dizaines de villages sont rasés, d'autres bombardés au napalm »,[116] afin de lutter contre les mouvements indépendantistes.

Le napalm est utilisé au moins une fois par l'Argentine contre les positions britanniques lors de la guerre des Malouines (1982), et l'est aussi en diverses circonstances par le Brésil, la Chine, l'Iran, l'Irak, le Maroc, le Portugal, etc.

« J'adore l'odeur du napalm au petit matin »[117]

Pendant la guerre du Vietnam, les États-Unis larguent près de 400 000 tonnes de bombes au napalm (principalement du napalm B), l'objectif principal étant de détruire la forêt et les récoltes, tant pis pour les victimes civiles en dessous. À titre de comparaison, même si elle a peu de sens, ce sont donc 400 000 tonnes de bombes au napalm qui furent lâchées sur le Vietnam contre « seulement » 100 000 tonnes d'herbicides. Avec la conjugaison d'un tel arsenal, la Nature n'avait aucune chance. Quant à la population...

C'était d'ailleurs l'objectif, ainsi que nous le rappelle l'article de Wikipedia au sujet de la « Forced Draft Urbanization », la stratégie développée par Samuel P. Hutington – enseignant à Harvard et auteur du controversé livre *Le Choc des civilisations*[118] – dans un article publié en 1968 dans *Foreign Affairs* sous le titre *The Bases of Accommodation* : elle consiste à ensevelir sous un tapis de bombes et de défoliants les zones agraires et les forêts du Vietnam, afin que les paysans ne puissent plus vivre de la terre et soient forcés à l'exode vers les villes, privant ainsi le Viet Cong de ses moyens de subsistance.

Une telle stratégie s'apparente plus à des crimes de guerre, voire contre l'humanité (article 7 du Statut de Rome de la Cour pénale internationale), ce qu'avait antérieurement dénoncé le prix Nobel de littérature Bertrand Russell, en créant en 1966 avec Jean-Paul Sartre le « Tribunal Russell » ou « Tribunal Russell-Sartre » contre les

---
116. *Cameroun 1958, la guerre cachée de la France*, Fanny Pigeaud, *Libération*, 17 septembre 2008.
117. Réplique extraite du film *Apocalypse Now*, de Francis Ford Coppola, 1979.
118. Samuel Huntington, *Le Choc des civilisations*, Odile Jacob, 1997.

L'Arme environnementale

crimes de guerre, peu après la parution de son livre *War Crimes in Vietnam*.

Mais cela ne leur suffit pas !

Malgré l'étendue du désastre causée par l'arme environnementale avec les herbicides, les défoliants et le napalm, les stratèges nord-américains mettent en œuvre un outil de destruction supplémentaire : la « Charrue de Rome ». Elle n'a rien à voir avec l'empire romain ou le labourage mais avec la ville de Rome, en Géorgie, où elle est fabriquée.

Il s'agit d'un puissant bulldozer équipé de lames de trois mètres de large, qui arrache et déracine tout sur son passage, y compris les arbres. Il est utilisé non seulement pour détruire la forêt et les champs cultivés, mais aussi raser les villages.

Les premiers engins entrent en action à partir de 1967. Un groupe de travail comprend trente véhicules et peut réduire à néant jusqu'à 130 hectares de jungle par jour.

Dans son article *Environmental Warfare* publié en mai 1976 dans le *Bulletin of the Atomic Scientists*, Frank Barnaby relate qu'il a été calculé que 325 000 ha de forêt ont été arrachés par les Charrues de Rome, auxquels il faut ajouter les milliers d'hectares de plantations de caoutchouc, les vergers et les champs cultivés, avec les systèmes d'irrigation.

La destruction de la végétation a d'autres conséquences, notamment la disparition de la couche supérieure des sols : victimes de l'érosion, ils perdent progressivement leur fertilité.

Ces bulldozers sont également utilisés avec le même résultat dans les opérations contre le Cambodge en mai 1970.

Au final, l'écocide que constitue la guerre du Vietnam est sans précédent.

Chapitre 3 : La Terre

De l'horreur en réserve

Il aurait pu ne pas l'être, car le Japon était sur le point de subir le même type de destruction environnementale un peu plus d'une vingtaine d'années auparavant. En effet, selon un document[119] militaire des États-Unis,

> en juillet 1944, le président Roosevelt résista à une suggestion avancée par des scientifiques américains d'essayer de détruire les récoltes de riz des Japonais.

Le Rapport Merck[120] confirme en 1946 que c'est seulement la fin rapide de la guerre qui évita que des « agents synthétiques » soient testés au-dessus des rizières en vue de leur destruction.

L'hypocrisie continue

Nous avons signalé dans le premier chapitre que la Convention Enmod, censée protéger l'environnement des apprentis-sorciers militaires, fut rédigée de telle sorte que, dans les faits, elle autorise l'utilisation de la plupart des armes dans ce domaine. Or, à la suite de la guerre du Golfe, où les Irakiens furent faussement accusés d'avoir incendié les puits de pétrole du Koweït,[121] ce qui déclencha une catastrophe écologique, une deuxième conférence de révision s'ouvre à Genève au Palais des Nations le 14 septembre 1992.

Est ajoutée la phrase suivante à l'Article I de la déclaration finale :

> La Conférence croit que toute la recherche et le développement sur les techniques de modification de l'environnement de même que leur utilisation devraient être destinés seulement à des fins pacifiques.

Bel exemple de vœu pieu : comme si les militaires n'allaient pas se servir des armes qu'ils développent...

---

119. *Weather Modification: The Evolution of an R&D Program Into a Military Operation*, sans autre indication de date ou d'émetteur, mais postérieur à 1984 compte tenu des références utilisées.
120. George W. Merck, *Report to the Secretary of War*, The Military Surgeon 98:3 (March 1946).
121. *Saddam Hussein présumé coupable*, Emmanuel Ludot, Éditions Carnot, 2004.

C'est néanmoins à une avancée... décisive que parvient la Conférence : l'usage des herbicides est interdit ! Mais pas de façon générale, ce serait trop beau. Voici ce que stipule l'alinéa 3 :

> La Conférence confirme que l'utilisation d'herbicides à des fins militaires ou hostiles de quelque façon que ce soit en tant que technique de modification de l'environnement dans le sens de l'Article II est une méthode de guerre interdite par l'Article I si un tel usage de ces herbicides bouleverse l'équilibre écologique d'une région, causant ainsi des effets étendus, durables ou sévères en tant que moyens de destruction, de dommages ou de torts à un autre État partie.

Telle que la phrase est libellée, si le Vietnam avait déposé une plainte contre les États-Unis pour l'opération Ranch Hand et l'épandage massif de l'agent orange, herbicide dont les conséquences perdurent plus de quarante-cinq ans plus tard, les Américains auraient peut-être pu y faire obstacle juridiquement par les notions imprécises que recouvre ce paragraphe, et, au-delà, la convention Enmod dans son ensemble. Certes les effets sont « étendus, durables ou sévères », encore faut-il prouver qu'ils ont « bouleversé l'équilibre écologique d'une région ». Or, cette notion est plutôt subjective et dépend de l'appréciation des parties, car les délégués n'ont pas précisé à quel niveau il faut positionner le curseur.

Ainsi, dans le cas du Vietnam, comme le précise Fred Pearce dans *Le Courrier de l'Unesco* de mai 2000, « à la fin de la guerre, un cinquième des forêts sud-vietnamiennes avait été détruit chimiquement, et plus d'un tiers des mangroves avait disparu ». Cependant, « certaines forêts ont pu s'en remettre » tandis que « la plupart d'entre elles sont devenues des maquis », ce qui ouvre le champ à toutes les arguties juridiques par rapport à Enmod, d'autant plus que « la nature a désormais en grande partie éliminé la dioxine de la végétation et des sols vietnamiens ». Pas les Vietnamiens de leur corps, mais c'est un autre débat.

Chapitre 3 : La Terre

La guerre contre la drogue

Le Plan Colombia est signé par les gouvernements des États-Unis et de la Colombie en 2000 avec l'objectif de réduire la production de drogue, la Colombie étant alors la première productrice mondiale de cocaïne et les États-Unis son premier marché. Ce plan prévoit différentes dispositions, dont des épandages massifs de l'herbicide Roundup Ultra, fabriqué par Monsanto, afin de détruire les plantations.

Entre 2000 et 2003, c'est plus de 380 000 hectares de coca qui sont pulvérisés, soit environ 8 % des surfaces arables du pays.[122] Peu de données sont disponibles au sujet de leur impact sur la population et l'environnement, mais il est difficile d'imaginer qu'il n'y ait aucune conséquence pour la santé des fermiers et de leur famille à respirer du glyphosate. Le programme produit de nombreux dommages collatéraux, comme le déplacement de plus de 75 000 personnes. Quant au résultat, la Colombie n'est-elle toujours pas le premier producteur mondial de cocaïne ?

Feux dirigés en Californie ?

Le feu est une arme pratique, qui permet parfois des miracles, ainsi que le démontre encore le récent incendie de Notre-Dame de Paris, sans lequel il n'aurait jamais été possible de transformer tout le site en future zone touristique gigantesque avec une immense opération de spéculation immobilière à la clé. Heureusement, il n'y eut pas de victime, mais ce n'est pas toujours le cas.

Ainsi, en Californie du Nord, au début du mois d'octobre 2017, environ 250 feux se déclenchent, dont une vingtaine se transforment en incendies majeurs, avec l'un des bilans les plus tragiques de l'histoire des États-Unis : quarante-quatre victimes, près de 100 000 hectares détruits et une estimation de quinze milliards de dollars de dégâts.

Des incendies de forêt se produisent chaque année dans cette région, mais, cette fois, les images de la catastrophe sont troublantes.

---

122. *Drugs and Democracy in Latin America: The Impact of U.S. Policy*, Coletta A. Youngers, Eileen Rosin, Lynne Rienner Publishers, 2004.

L'Arme environnementale

Certes, le diablo, un vent spécifique de la région de San Francisco, souffle dans la soirée du 8 octobre à plus de 100 km/h, mais cela ne peut expliquer le fait que des maisons sont complètement détruites mais pas les arbres à côté, qui ne brûlent pas, malgré des températures capables de faire fondre la matière, voire de la faire disparaître, selon ce que des témoins rapportent. Le feu se propage également d'une manière étrange, « sautant » d'une maison à l'autre mais épargnant les arbres et la végétation qui se trouvent entre elles. Les images prouvent qu'il ne peut s'agir de « simples » feux de forêt.[123]

Compte tenu des constatations, notamment de la « précision » de certains incendies, des voix n'hésitent pas à conclure que ces incendies ont été déclenchés par des armes à énergie dirigée, tels que des lasers ou des masers[124] installés sur des drones en haute altitude ou sur des plateformes en orbite. À ce stade, il est impossible ne serait-ce que d'envisager par qui et pourquoi. En revanche, le cas du Portugal, qui se produit exactement au même moment, offre peut-être plus d'indices.

Expérimentations d'armes environnementales au Portugal ?

Un premier incendie gigantesque se déclare le 17 juin, à Pedrógão Grande. D'origine accidentelle, il se propage rapidement dans un contexte météorologique de fortes températures, de sécheresse et de vents soutenus. Plus de soixante personnes périssent dans la catastrophe.

En octobre, tandis que la Californie flambe, c'est une partie de la péninsule Ibérique qui s'embrase à son tour, dont la quasi-totalité du nord et du centre du Portugal, où sont recensés plus de cinq cents incendies, ce qui y provoque au moins quarante-cinq décès. Par suite, la ministre de l'Intérieur, Constança Urbano de Sousa, est contrainte à la démission.

---

123. Voir, par exemple, ces deux vidéos sur YouTube : www.youtube.com/watch?v=MhHOMU-IhHA et www.youtube.com/watch?v=yw6cyc4PBcs.
124. « Le **maser** (pour *microwave amplification by stimulated emission of radiation*) est un dispositif permettant d'émettre un faisceau cohérent de micro-ondes. » Https://fr.wikipedia.org/wiki/Maser.

Pourtant, les causes semblent naturelles, avec un mois de septembre qui s'avère le plus chaud depuis 87 ans, et octobre qui témoigne de températures inhabituelles, à plus de 30°. De surcroît, bien que passant loin au large des côtes le 15 octobre, l'ouragan Ophelia augmente les vents, ce qui attise les flammes. Ajoutons la négligence humaine habituelle et le dépeuplement rural pour obtenir tous les ingrédients d'une nouvelle catastrophe et l'explication définitive de son origine.

Cependant, des témoins s'expriment rapidement sur ce qu'ils ont vu en cette nuit tragique du 15 octobre, notamment au sujet de la présence d'avions et de drones, accompagnés d'importantes traînées dans le ciel, ainsi que des phénomènes étranges. Voici l'un de ces témoignages :

> Un peu après 20 h 00 (je ne peux pas dire l'heure exacte), il se mit à faire totalement noir et immédiatement après arriva une énorme boule de feu, poussée par un vent comme un cyclone […]. Ce qui s'est passé ici n'était pas un feu provenant des forêts de pins, mais une sorte de bombe qui explosa en venant de nulle part, ouvrit un ciel illuminé de flammes en déversant des lumières couleur ambre et des langues de feu dans toutes les directions. Ce sont ces langues de feu qui ont brûlé mon village et les autres dans les environs.[125]

Comme en Californie, des photos montrent des scènes étranges, avec des maisons complètement détruites mais des arbres quasiment intacts à côté, ou des animaux morts qui n'ont pas été touchés par les flammes. Un chauffeur témoigne que la batterie de son camion se décharge d'un coup, ce qui l'immobilise. De même, la vitesse du feu paraît impossible, avec, par exemple, trente-trois hectares brûlés en une minute !

En conséquence, le physicien Manuel Feliz, membre du Grupo Céus Limpos, arrive à la conclusion suivante :

---

[125]. *Global Warning! Geoengineering is Wrecking our Planet*, ouvrage collectif sous la direction de Claudia von Werlhof, Talma Studios, 2019. La traduction française est en cours à la date de publication de *L'Arme environnementale*. Les deux extraits de texte suivants proviennent de la même source.

> Des produits chimiques potentiellement inflammables ont été utilisés et/ou des armes électromagnétiques. C'est un fait que ceux-ci produisent normalement de tels feux violents et à l'intérieur des arbres, car la sève conduit l'électricité.

Sont également constatés un peu partout dans la forêt des trous de 2 à 5 cm de diamètre, dont la cause est inexplicable. Manuel Feliz poursuit ses observations :

> Le plus étrange dans ces incendies était que des roches et des cristaux de quartz ont explosé, ce qui était dû à la très haute température à l'intérieur de ces roches (600° C), ou, sinon, les explosions sont dues à des « oscillations forcées de résonance » produites par une onde électromagnétique. La fréquence de résonance du quartz est fondamentalement la même que celle des émissions Haarp, un système électromagnétique pour les expérimentations atmosphériques, mais pas seulement. Une arme électromagnétique mobile pourrait aussi émettre à cette fréquence !

Si de telles armes ont été utilisées, quel peut être le but recherché ? Est-ce parce que cette zone est riche en lithium, un métal stratégique nécessaire notamment dans l'aérospatial et l'électronique ? C'est d'ailleurs dans cette région que doit ouvrir en 2020 la plus large mine d'Europe de lithium. Peut-être y a-t-il des intérêts encore plus grands qui justifieraient le déploiement d'un tel arsenal et un nombre aussi élevé de victimes, sans parler de la destruction de l'environnement ?

IV. L'érosion du sol

Il est difficile d'envisager l'érosion du sol, processus lent par nature, en tant qu'arme de guerre, où il faut du résultat et rapidement, voire immédiatement.

Ce phénomène d'érosion apparaît toutefois dans plusieurs conflits comme conséquence de l'emploi d'autres armes environnementales ou, tout simplement, de la guerre.

Par exemple, l'utilisation de défoliants et d'herbicides par les Britanniques lors de l'Urgence malaise a provoqué l'érosion majeure des sols dans plusieurs zones de la Malaisie. Il en est de même au Vietnam avec les Américains, ainsi que nous l'avons signalé ci-dessus. Fred Pearce le constate dans *Le Courrier de l'Unesco*, la guerre du Golfe

> a causé d'autres dommages au désert. Des milliers de bunkers, de caches d'armes et de tranchées ont rompu les lits de gravier qui permettaient de contenir les dunes. Les tanks et des camions ont labouré des sols fragiles et détruit la végétation.
>
> Selon l'Institut de recherche scientifique du Koweït, plus de 900 km² de désert ont été endommagés par les véhicules militaires et les bouleversements de terrain, d'où une avancée des dunes ainsi qu'une recrudescence de l'érosion et des tempêtes de sable.[126]

C'est une nouvelle preuve des répercussions parfois irrémédiables de la guerre sur l'environnement. En ce qui concerne spécifiquement l'érosion, nos recherches montrent qu'elle n'appartient pas à la panoplie de l'arme environnementale.

Pourtant, les militaires s'intéressent habituellement au sol. Ainsi, lors du Projet Agile développé par l'Arpa au début des années soixante que nous avons présenté ci-dessus, deux ingénieurs experts en sol accompagnent les équipes chargées des recherches sur la végétation. Leur rôle ? Collecter des échantillons de sol pour mesurer la « trafficabilité » des futurs champs de bataille, c'est-à-dire l'aptitude des terrains à supporter les déplacements. Les militaires connaissent donc parfaitement les conséquences de leurs actes, en tout cas, ils en ont les moyens.

---

126. Fred Pearce, *Le Courrier de l'Unesco*, mai 2000

V. La sécheresse

Les moyens pour la déclencher dépendent principalement du ciel. Ils seront donc présentés dans le chapitre suivant. Néanmoins, pour clore celui-ci, présentons cette information sur l'Irak. Un article publié le 27 juillet 2020 par le Réseau Voltaire[127] nous apprend que :

> la température dans certaines villes irakiennes, habituellement aux alentours de 45 °C à l'ombre en été, est nettement supérieure cette année. Plusieurs villes enregistrent depuis plus de 30 jours des moyennes supérieures à 50 °C à l'ombre. La température ne descend pas la nuit au dessous de 30 °C.
>
> Une partie de l'Iran et le Koweït sont également touchés, mais dans une moindre mesure.
>
> Selon les services météorologiques irakiens, cette hausse des températures ne serait pas imputable à un réchauffement global de la planète, mais particulière à la région en raison de la guerre qui y a sévi. Cette perturbation pourrait s'accroître encore, de sorte que l'on assisterait à des températures pouvant aller jusqu'à 70 °C dans les dix prochaines années. […].
>
> Or, en 2013, l'aviation US a illégalement dispersé des produits chimiques à la frontière syro-irakienne de manière à stériliser le sol sur une très vaste étendue. Il s'agissait de priver de leurs emplois les paysans syriens et irakiens, de sorte qu'ils se joignent en 2014 à Daesh, lorsque celui-ci apparaîtrait (Plan Wright). De nombreuses zones sont toujours impropres à l'agriculture, ce qui modifie le climat régional. Une gigantesque tempête de sable avait déjà été observée d'Israël à l'Irak en septembre 2015, les terres en jachère ne retenant plus le sable.

---

127. *Le réchauffement climatique particulier d'Irak*, Réseau Voltaire, 27 juillet 2020.

Chapitre 4

Le Ciel

Cette partie concerne en majorité la modification du climat et du temps. Le sujet est tellement vaste que le livre *L'Arme climatique* lui est spécifiquement consacré, comme signalé précédemment. Nous aborderons donc dans ce chapitre les thèmes qui n'y ont pas été traités ou présenterons les informations complémentaires qui sont apparues depuis. Ce chapitre sera donc le plus court de *L'Arme environnementale*.

Pour mémoire, les militaires s'intéressent aux conditions météorologiques depuis toujours, car elles peuvent décider de l'issue d'une bataille et même d'une guerre, ainsi que nous l'avons rappelé en introduction. Quant à en faire une arme environnementale, ils s'y emploient depuis plus de soixante-dix ans.

I. Le climat

Le Réseau Gwen
Nous évoquons déjà le Ground Wave Emergency Network (Gwen) au chapitre 6 de *L'Arme climatique*, mais nous allons compléter ces informations. Rappelons que ce système est construit dans les années quatre-vingt, officiellement pour créer au sol un réseau de communication qui résisterait à une attaque nucléaire des Soviétiques. Voici comment Philip L. Hoag, auteur du livre *No Such Thing As Doomsday*[128] résume le projet :

---

128. *No Such Thing As Doomsday*, Philip L. Hoag, Yellowstone River Publishing, 1999.

> Chaque unité Gwen est capable de modifier le champ magnétique dans un rayon de 300 à 400 km. Chacune est constituée de grandes tours d'environ 100 m de hauteur, qui transmettent des ondes radio à travers des centaines de fils de cuivre de 100 m de longueur. Ces fils sont enterrés dans le sol et rayonnent à partir de la base de la tour. Ils interagissent avec la Terre tel un conducteur, transmettant l'énergie des ondes radio sur de très longues distances à travers le sol.

Il est initialement prévu la construction de trois cents stations d'émetteurs-récepteurs dans la gamme des basses fréquences. Face à l'opposition grandissante de la population, cinquante-huit seulement sont installées. Il est difficile, en effet, de penser qu'un tel dispositif d'émission d'ondes sur de longues distances n'ait aucune répercussion sur l'environnement et la santé publique. Des spécialistes considèrent qu'il peut même perturber le champ magnétique terrestre et les conditions climatiques, notamment par l'augmentation voire le déclenchement des précipitations.

L'une des inondations les plus dévastatrices de l'histoire nord-américaine, avec cinquante morts et plus de 15 milliards de dollars de dégâts, est « The Great Flood of 1993 ». Elle se produit de mai à octobre 1993 dans le Middle West, le long du Mississippi et de ses affluents, dont le Missouri. Elle affecte neuf États sur une superficie de plus de 800 000 km², avec une zone inondée de 80 000 km², presque trois fois la Belgique. Se pourrait-il que les ondes émises par la dizaine de stations Gwen de la région aient, au minimum, amplifié la catastrophe ? Il est toutefois difficile d'être affirmatif, car s'est produit quelques décennies plus tôt la grande inondation de 1927 du Mississippi, aux caractéristiques assez comparables, dont on ne peut soupçonner une cause autre que naturelle. Le Dr Rosalie Bertell ajoute néanmoins :

> Le rôle qu'il [le système Gwen] jouera dans les guerres à venir, étant donné qu'il ne résisterait pas à une attaque nucléaire comme prétendu au départ, n'est pas clair, mais l'on se demande si sa capacité à déclencher des tempêtes n'est pas une

Chapitre 4 : Le Ciel

raison pour le maintenir. Le *Bulletin of the Atomic Scientist* fit remarquer que les unités Gwen se trouvaient directement au milieu de la zone de pluies torrentielles qui provoquèrent les inondations catastrophiques de 1993. Un changement inhabituel dans le jet stream fit barrière au front froid, déversant 150 à 200 fois plus de pluie que la normale.(215) Le 10 juillet 1993, le *New York Times* signala que ces pluies diluviennes parurent bloquées au-dessus de la région du Mississipi pendant plus de six semaines. Courant août, on apprit que plus d'un millier de digues avaient subi des brèches ou avaient été emportées par les eaux, que les maisons étaient détruites et les dommages causés aux cultures ne laissaient aucun espoir de récolte.

On spécula sur l'existence d'un « barrage électronique » utilisant les ondes des générateurs ELF – cela crée un champ magnétique qui ralentit ou bloque un front froid et fait tomber des pluies torrentielles au-dessus d'une zone donnée. Il est difficile de confirmer ou démentir ce fait, à cause de la confidentialité qui protège cette activité. Il est néanmoins certain que les manipulations climatiques sont possibles.[129]

Qui en doute encore ?

Manipulations de l'ionosphère au-dessus de l'Europe

Les dangers que représente Haarp pour l'environnement sont régulièrement évoqués, mais ce n'est pas la seule menace. Ainsi, un article du *South China Morning Post* de décembre 2018 commence ainsi :

> La Chine et la Russie ont modifié une couche importante de l'atmosphère au-dessus de l'Europe afin de tester une technologie controversée en vue d'une éventuelle application militaire, selon les scientifiques chinois impliqués dans le projet.

> Au total, cinq expériences ont été réalisées en juin. Celle réalisée le 7 a causé des perturbations physiques sur une superficie

---

129. *La Planète Terre, ultime arme de guerre*, pp. 191-2. Note 215 : *Newsweek*, 6 juillet 1993.

allant jusqu'à 126 000 km², soit environ la moitié de la superficie de la Grande-Bretagne.

La zone modifiée, qui s'élève à plus de 500 km au-dessus de Vassilsoursk, une petite ville russe d'Europe de l'Est, a connu un pic électrique avec dix fois plus de particules subatomiques chargées négativement que les régions environnantes.[130]

Vassilsoursk se situe à plus de 400 km à l'est de Moscou, dans l'oblast de Nijni Novgorod. Pourquoi ce choix ? Parce que c'est là qu'est installée la station de Sura et son laboratoire de recherche sur l'ionosphère, que nous avons présentés dans *L'Arme climatique* :

> Pourtant, les Russes ont aussi leur propre installation équivalente à Haarp, rattachée dès l'origine au budget du ministère de la Défense. Elle se situe en Russie centrale à Sura, un village distant d'environ 150 km de Nijni Novgorod, un des principaux centres du complexe militaro-industriel, russe avec la présence, par exemple, du constructeur d'avions Mig.
>
> Plus ancienne que Haarp, l'installation de Sura fut créée en 1981, sur une superficie de neuf hectares, sous l'égide scientifique de l'Institut de recherche des études radiophysiques (Nirfi).[131]

La station de Sura,
considérée historiquement comme la première
de ce type dans le monde.
(Source photo : Wikimedia Commons)

---

130. *China and Russia band together on controversial heating experiments to modify the atmosphere*, Stephen Chen, *South China Morning Post*, 17 décembre 2018.
131. *L'Arme climatique*, p. 147.

Dans le cadre de cette collaboration, il s'agit d'émettre des ondes radio à haute fréquence pour perturber l'ionosphère. L'expérience qui a lieu le 12 juin consiste à ioniser des gaz en haute altitude, avec pour effet d'augmenter localement la température de plus de 100° C en raison du flux de particules envoyé par les antennes au sol. L'un des objectifs de tels essais est relaté par l'article, ce qui permet d'en comprendre l'importance :

> Changer l'ionosphère au-dessus du territoire ennemi peut également perturber ou couper ses communications avec les satellites.

En effet, il n'y a pas que des conséquences sur l'environnement, ce qui explique pourquoi les militaires essaient de contrôler l'ionosphère depuis des décennies. C'est aussi pour ces raisons que les Chinois sont en train de construire une station encore plus puissante que Haarp, elle-même déjà presque quatre fois plus puissante que Sura. Cette nouvelle installation se situera à Sanya, sur l'île de Hainan, au sud, et couvrira toute la mer de Chine méridionale. Cette localisation risque toutefois de poser des problèmes, notamment parce que l'île est peuplée mais aussi pour les perturbations sur le trafic aérien civil que cela devrait engendrer. Signalons que Hainan héberge également une base de sous-marins nucléaires ainsi que la base de lancement de Wenchang, essentielle dans le programme spatial chinois, car elle bénéficie des meilleures conditions naturelles par rapport aux trois autres sites chinois, étant plus proche de l'équateur et accessible par bateau, ce qui permet d'y acheminer plus aisément les fusées Longue Marche que par voie terrestre.

Évidemment, peu d'informations sont disponibles sur l'ensemble de ces expériences ionosphériques, leurs objectifs et leurs résultats, notamment parce que la plupart voire la quasi-totalité contiennent des finalités militaires. Elles existent néanmoins, cela ne fait aucun doute. Par exemple, un article scientifique publié le 15 février 2016 dans *Advances in Space Research*[132] nous apprend qu'ont été ob-

---

132. *The measurement of the ionospheric total content variations caused by a powerful radio emission of "Sura" facility on a network of GNSS-receivers*, I. A.Nasyrov, D. A. Kogogina, A. V. Shindinb, S. M. Grachb, R. V. Zagretdinova, *Advances in Space Research*, Volume 57, Issue 4, 15 février 2016, pages 1015-1020.

L'Arme environnementale

servées des perturbations du Contenu électronique total (TEC, en anglais), qui est un important paramètre de description quantitative de l'ionosphère, puisqu'il mesure le nombre d'électrons entre deux points. Ces perturbations sont la conséquence d'une campagne de puissantes émissions de la station de Sura de mars 2010 à mars 2013. Les chercheurs qui ont réalisé cette étude évoquent même la possibilité que la modification de la densité d'électrons ait pu générer des ondes particulières (IGW), mais cette partie purement physique dépasse le cadre de notre présentation.

Le réchauffement ou le changement climatique, quel que soit le nom qui lui est donné, n'aurait donc pour cause que le CO_2 d'origine anthropique, ainsi que nous le rabâchent les « experts » patentés du climat ? Toutes ces expériences militaires réalisées depuis plus d'un demi-siècle n'auraient définitivement aucun impact ?

Lendemain de catastrophe

Le 15 août 1952 à Lynmouth dans le Devon (Angleterre), quatre-vingt-dix millions de tonnes d'eau et des milliers de tonnes de rochers s'abattent sur ce petit village, faisant plus d'une trentaine

Chapitre 4 : Le Ciel

de victimes, après que près de trente centimètres d'eau soient tombés dans les vingt-quatre heures précédentes. Au total, les précipitations en ce funeste mois d'août représentent environ **deux cent cinquante fois** la moyenne habituelle. Au même moment, les militaires anglais mènent l'opération Cumulus, des essais d'ensemencement des nuages.

(Catastrophe présentée dans *L'Arme climatique*).

Précipitations au laser

Rappelons que le mot « laser » est l'acronyme de l'anglais Light Amplification by Stimulated Emission of Radiation, ce qui signifie « amplification de la lumière par émission stimulée de radiation ». Depuis les années soixante, date de construction des premiers appareils, même si la théorie est nettement plus ancienne, les différentes technologies ont bénéficié d'énormes progrès, notamment grâce à des recherches inévitablement financées par les militaires. Elles s'appliquent, entre autres, à l'arme environnementale, ainsi que nous le confirme un article du *Guardian* du 24 septembre 2001 :

> Les planificateurs de l'U.S. Air Force sont récemment revenus avec de nouvelles propositions pour lancer de nouvelles armes météorologiques. Au lieu de l'iodure d'argent[133], l'idée consiste à diffuser au-dessus des nuages de fines particules de carbone absorbant la chaleur afin de déclencher des inondations localisées et enliser les troupes et leur équipement. Des lasers installés sur les avions déclencheraient également la foudre sur ceux de l'ennemi, tandis que d'autres lasers pourraient être tirés contre le brouillard dans le but d'ouvrir la voie vers les cibles ennemies au sol.[134]

Ils pourraient aussi être utilisés pour générer des précipitations, sans qu'il soit besoin d'utiliser des particules de carbone ou d'autres substances, ainsi que le rapporte un article de CBS en avril 2014 :

---

133. L'iodure d'argent est le principal agent utilisé pour l'ensemencement des nuages depuis la découverte de Vincent J. Schaefer en 1946 (cf. *L'Arme climatique*).
134. *Controlling the weather*, Paul Simons, *The Guardian*, 24 septembre 2001.

L'existence de condensation, d'orages et de foudre est due à la présence de grandes quantités d'électricité statique dans les nuages. Des chercheurs de l'Université de Central Florida et de l'Université de l'Arizona expliquent qu'un faisceau laser pourrait activer ces grandes quantités d'électricité statique et créer des tempêtes à la demande.

En entourant un faisceau avec un autre faisceau qui servira de réservoir d'énergie, le faisceau central sera maintenu sur de plus grandes distances qu'auparavant. Le faisceau secondaire se ravitaillera en combustible et aidera à empêcher la dissipation du faisceau primaire, qui se désintégrerait rapidement par lui-même.

« [...] avec notre méthode, nous pourrions semer les conditions nécessaires pour déclencher une tempête à longue distance. En fin de compte, vous pourriez contrôler artificiellement la pluie et la foudre sur une grande étendue avec de telles idées. »[135]

Est-il surprenant d'apprendre que

[...] Le développement de la technologie a été financé par le Département de la Défense.

II. La sécheresse

Même si ses effets sont subis au niveau du sol, c'est généralement du ciel qu'elle peut être déclenchée artificiellement. C'est une possibilité envisagée depuis longtemps, car, déjà en 1970, Zbigniew Brzezinski déclare dans son livre *Between Two Ages: America's Role in the Technetronic Era*[136] que

la technologie mettra à la disposition des dirigeants des grandes nations des techniques de guerre secrète, dont seul un

---
135. *Scientists think they can control weather with lasers*, CBS News, 21 avril 2014.
136. Zbigniew K. Brzezinski, *Between Two Ages: America's Role in the Technetronic Era*, Praeger, 1982.

> minimum de forces de sécurité a besoin d'être évalué [...]. La technologie de modification du temps pourrait être utilisée pour produire des périodes prolongées de sécheresse ou d'orage.

Comme relaté dans *L'Arme climatique*, deux tentatives furent vraisemblablement effectuées contre Cuba en 1969 et 1970 pour faire tomber la pluie avant qu'elle n'atteigne les récoltes et ruiner la production de canne à sucre, ressource vitale pour l'île soumise à un embargo de la part des États-Unis depuis 1962. Le moyen utilisé repose sur l'ensemencement des nuages et la découverte de Vincent Schaeffer en 1946, alors chercheur pour General Electric, qu'injecter de l'iodure d'argent augmente ou permet de déclencher les précipitations.

Depuis, des techniques bien plus puissantes pour provoquer la sécheresse ont été créées, tant par les Américains que les Russes, notamment les ondes stationnaires et ELF (*Extremely Low Frequency*), que nous avons introduites de façon résumée au Chapitre 2. La littérature scientifique sur ce sujet est abondante, car elle existe depuis plus d'un siècle, à partir, entre autres, des travaux d'Edmund Taylor Whittaker et la publication en 1904 de son article *On an expression of the electromagnetic field due to electrons by means of two scalar potential functions*, que les lecteurs intéressés pourront aisément retrouver sur internet. Nous allons illustrer ces types d'armes à travers le cas de la Californie.

La Californie, visée ?

Cet État est soumis depuis longtemps à des périodes de sécheresse pouvant durer plusieurs années, c'est pourquoi il fut une terre fertile pour les rainmakers, les faiseurs de pluie, dont Charles Mallory Hatfield et la tragédie de San Diego de 1916, que nous racontons dans *L'Arme climatique*. Les techniques ayant largement progressé depuis un siècle, voici, par exemple, ce qu'écrit Philipp L. Hoag dans son article *Weather Modification* :

> La sécheresse persistante de la Californie dans les années quatre-vingt a été causée par une crête massive de haute pres-

L'Arme environnementale

sion à 800 miles de la côte californienne qui a plané pendant de longues périodes, bloquant le flux habituel d'air humide venant du Pacifique et poussant les tempêtes vers le nord.

Les météorologues qui ont analysé ce phénomène le considèrent comme l'un des modèles les plus inhabituels jamais enregistrés nationalement, unique dans les annales de l'enregistrement météorologique. De tels centres de haute pression de longue durée étaient inconnus jusqu'en 1977. Les preuves suggèrent que cela a probablement été causé par des ondes ELF gigantesques générées par le pic-vert, qui sont transmises intentionnellement par les Soviétiques pour bloquer le flux des conditions météorologiques normales.

Le « pic-vert russe » est un signal radio-électrique envoyé par les Soviétiques à partir de juillet 1976 (date du bicentenaire des États-Unis) jusqu'en 1989. Il était tellement puissant qu'il était capté et provoquait des perturbations dans le monde entier. Ainsi que le souligne Marc Filterman,[137] c'est pendant l'hiver 1977-78 que les Russes

avaient généré pour la première fois avec des puissants champs ELF un FOS [Front d'ondes stationnaires] entretenu à l'échelle planétaire, et réussi à manipuler le jet-stream. [...] Cette méthode permet de détourner de très importantes masses d'air de haute et basse pression.

Et donc d'être en mesure de provoquer des précipitations diluviennes ou de... la sécheresse. Selon de nombreux experts, les Soviétiques seraient responsables de celle qui a frappé la Californie dans les années quatre-vingt. C'est tout à fait possible, d'autant plus qu'ils disposaient d'une partie des travaux de Nikola Tesla et pouvaient utiliser le principe de sa tour, comme celle qu'il avait fait construire à Wardenclyffe, près de New York.

---

137. *Les Armes de l'ombre*, Marc Filterman, Carnot.

Chapitre 4 : Le Ciel

« La station sans fil Wardenclyffe de Nikola Tesla, située à Shoreham, New York, vue en 1904. La tour émettrice de 187 pieds (57 m) semble émerger du bâtiment, mais se trouve en réalité sur le sol derrière elle. Construit par Tesla de 1901 à 1904 avec le soutien du banquier J. P. Morgan de Wall Street, l'installation expérimentale devait être une station radiotélégraphique transatlantique et un émetteur de puissance sans fil, mais elle ne fut jamais achevée. La tour fut démolie en 1916, mais il reste le bâtiment du laboratoire, conçu par l'architecte renommé de New York Stanford White. »[138]

La Californie, sacrifiée ?

Elle est de nouveau frappée par une terrible sécheresse à partir de 2013 :

> Avec la Californie, c'est le cœur du « rêve américain » qui est touché. Comment accepter que dans l'État de la Silicon Valley symbole d'excellence technologique et de volontarisme politique, les agriculteurs en soient réduits à accrocher des pancartes « Pray for rain » aux clôtures de leurs exploitations desséchées ?

---

138. Source : Wikimedia Commons.

> Les canaux d'irrigation sont vides, l'eau s'achète – presque – au prix du pétrole, les récoltes meurent sur pied et les prix des denrées agricoles explosent. Les puits puisent de plus en plus profondément, vidant les nappes phréatiques et hypothéquant le futur.[139]

Impossible d'impliquer le pic-vert, car il a disparu depuis longtemps. Cela ne signifie par pour autant que les Russes ne disposent plus des technologies pour manipuler « les masses d'air de haute et basse pression », ou qu'ils n'en sont pas la cause. Nous en doutons toutefois, même s'il pourrait nous être rétorqué que cela constituerait des contre-sanctions discrètes et efficaces en réponse aux sanctions du camp occidental à la suite de l'annexion de la Crimée en 2014. C'est possible, mais la cause est peut-être à trouver ailleurs.

Voici la conclusion à laquelle arrive le scientifique J. Marvin Herndon, Ph.D. :

> Les résidents de longue date du sud de la Californie (États-Unis) se rappellent peut-être quand, à l'automne et au début de l'hiver, des vagues de pluie se déplaçaient de l'océan Pacifique et apportaient la pluie. Mais, au cours des dernières années, au moins depuis la réélection de Barack Obama [novembre 2012], les jets de pulvérisation remplissent le ciel de matières particulaires presque quotidiennement. La pulvérisation aérienne persistante de particules dans les régions où les nuages se forment inhibe les précipitations et cause la sécheresse. Lorsque la pluie était prévue au large, les épandages étaient intensifiés, non seulement sur la terre, mais aussi plus à l'est sur l'océan Pacifique. L'intention claire est de bloquer et de dévier les nuages de pluie formés par l'océan pour les empêcher d'atteindre la Californie. Ceci est clairement illustré ci-dessous dans la vue par satellite de la Californie du Sud prise le 11 décembre 2017.[140]

---

139. *Sécheresse en Californie : le temps du sursaut pour l'Amérique ?*, Richard Attias, *Huffpost*, 13/08/2014.
140. *California Desiccation: Setting the Stage for Rampant Fires*, J. Marvin Herndon, Ph.D., NuclearPlanet.com.

Chapitre 4 : Le Ciel

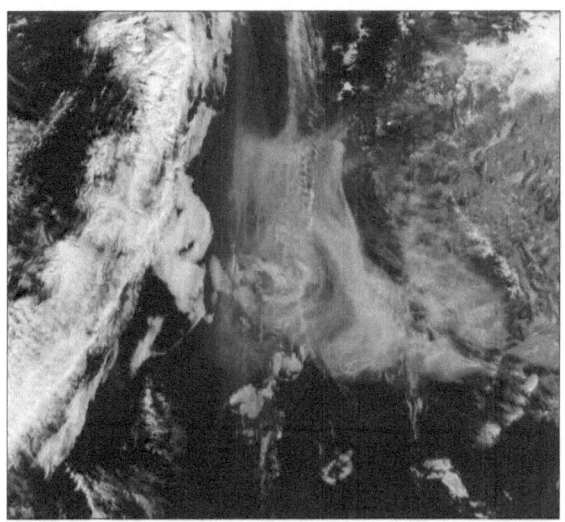

Photo satellite de la Californie accompagnant l'article

Ces pulvérisations de « matières particulaires » sont aussi appelées « chemtrails », que les experts officiels considèrent comme relevant de la théorie du complot. Nous avons prouvé dans *L'Arme climatique* que ces épandages sont malheureusement bien réels et pratiqués par les militaires depuis les années cinquante, ainsi que le confirme un rapport publié en mai 1997 par le National Research Council investi d'une mission d'enquête par le Congrès des États-Unis sur cette question de santé publique – il est difficile de considérer ces deux institutions comme « conspirationnistes ».

Les populations du Canada et des États-Unis ne furent pas les seules touchées par ces pulvérisations, qui continuent aujourd'hui sous le nom de « géoingénierie », car il y eut aussi la Scandinavie et le Royaume-Uni, ainsi que nous le relatons dans *L'Arme climatique* :

> Anthony Barnett, dans un article de *The Observer* du 21 avril 2002 intitulé *Millions were in germ war tests*,[141] commente un rapport déclassifié par le ministère de la Défense, dans lequel sont détaillées les expérimentations secrètes de guerre bactériologique effectués de 1940 à 1979 au-dessus de la population anglaise. Oui, pendant près de quarante ans !

---
141. *Des millions de personnes en dessous des tests de guerre bactériologique*

L'Arme environnementale

Il y est révélé que furent répandus divers types d'agents biologiques toxiques, et de 1955 à 1963, comme aux États-Unis, de gigantesques quantités de sulfure de cadmium-zinc.

En admettant que ces épandages sont la cause de la sécheresse qui a frappé la Californie à partir des années 2010, les Russes ne peuvent en être tenus pour responsables, car il est leur évidemment impossible de répandre secrètement de telles quantités de produits dans le ciel au large de la Californie sans être remarqués. Alors pourquoi l'armée américaine aurait-elle exécuté ces opérations, contre sa propre population ? C'est peut-être l'article de Richard Attias du *Huffpost* cité ci-dessus qui donne indirectement la réponse à cette question :

> Peu médiatisée en France, la sécheresse qui touche depuis plus de trois ans régulièrement la Californie a un large impact aux États-Unis et est en train de faire bouger les mentalités des Américains en matière de réchauffement climatique. Une prise de conscience tardive qui pourrait changer la donne au niveau mondial.
>
> Le « Golden State » est en train de se transformer en « dust[142] state » sous l'effet d'une interminable sécheresse, symbole de plus en plus concret de la réalité d'un réchauffement climatique trop longtemps nié par une partie de la classe politique et de l'opinion publique américaine.
>
> Les effets des changements climatiques pouvaient paraître lointains quand ils touchaient les micro-îles de l'océan Indien ou les agriculteurs de la bande sahélienne, mais ils deviennent terriblement perceptibles quand l'État le plus peuplé et le plus riche des États-Unis se désertifie à un rythme effréné et que le feu est littéralement aux portes des villes, comme on l'a vu récemment à Sacramento, où des zones résidentielles ont été dévorées par les flammes. [...]
>
> Le seul point positif, c'est que la situation est tellement grave qu'il devient difficile de l'ignorer, et, en conséquence, les lignes

---

142. « Dust » signifie « poussière ».

bougent jusqu'au sein du parti républicain, traditionnellement très climatosceptique.

Néanmoins, Donald Trump ne tarde pas, après sa prise de fonction, à retirer les États-Unis de l'accord de Paris sur le climat adopté en décembre 2015 à la COP 21, sur l'agenda duquel il y aurait d'ailleurs beaucoup à redire, mais cela nous éloignerait de notre sujet.

III. Le brouillard

Dans *L'Arme climatique*, nous avons parlé des tentatives de dissipation du brouillard, notamment le système Fido développé pendant la Seconde Guerre mondiale, afin que les avions puissent décoller et se poser sur les pistes des aérodromes militaires en limitant le risque d'accident.[143]

Les recherches continuent dans les années suivantes. Par exemple, le quatrième rapport annuel du Air Weather Service (AWS) publié en 1972 nous apprend :

> Au début de 1967, l'Air Force confie à l'AWS la modification du climat en appui des opérations militaires. Pour mener à bien cette mission, l'AWS supervise tous les travaux de recherche et de développement en la matière afin de déterminer l'état de l'art dans le domaine scientifique, effectue des essais de terrain pour rendre opérationnelles les techniques de pointe, et applique celles qui en résultent en support des opérations en cours.[144]

La suite du rapport précise que sur les six projets qui sont menés pendant l'année fiscale 1971, cinq concernent la dissipation du brouillard et un seul l'augmentation des précipitations. L'un de ceux

---

143. *L'Arme climatique*, chapitre 3, p. 66.
144. *Fourth Annual Survey Report on the Air Weather Modification Air Service WEA-Modification Program (FY 1971)*, Herbert S. Appleman, Capt Laurence D. Mondenshall, Capt John C. Lease, Lt Robert I. Sax, Air Weather Service, United States Air Force, avril 1972, p. 1.

L'Arme environnementale

portant sur le brouillard est testé dans plusieurs bases de l'U.S. Air Force en Allemagne. En résumé, les techniques utilisées sont basées sur l'ensemencement des nuages. Il n'est donc pas nécessaire de développer plus en détail cet aspect, il l'est déjà dans *L'Arme climatique*.

Dissiper le brouillard est évidemment essentiel pour la réalisation et la sécurisation des opérations militaires, notamment dans le domaine aérien, mais est-il possible de le créer pour perturber celles de l'ennemi ou pour se cacher ? Sur ce dernier point, l'une des techniques utilisées depuis longtemps est le fait de générer de la fumée, mais le brouillard est nettement plus intéressant, car il permettrait de diminuer la visibilité dans le spectre infrarouge. Il y a peu d'information disponible sur le sujet, cependant :

> Des efforts militaires visant à produire du brouillard ont été menés afin d'expérimenter les moyens de le dissiper. Cependant, comme pour la dissipation, les conditions doivent être propices à la formation et au maintien du brouillard. […]
>
> Le brouillard artificiel est généré par l'injection d'eau dans une atmosphère presque saturée ou saturée. Les vents doivent être légers ou calmes, et le chauffage de la surface nécessaire doit être au minimum afin d'éviter que le brouillard ne se dissipe trop tôt.[145]

Générer du brouillard est donc une arme environnementale qui, au minimum, a été testée, et, sans doute, pas uniquement par l'armée des États-Unis.

---

145. *Benign Weather Modification*, Barry B. Coble, Major, Usaf, School of Advanced Airpower Studies, Air University Press, Maxwell Air Force Base, mars 1997, p. 25.

Chapitre 4 : Le Ciel

IV. La foudre

Nous avons vu ci-dessus, dans le résumé consacré aux possibilités du laser comme arme environnementale, que Paul Simons, dans son article publié dans le *Guardian*[146] confirme que les recherches se poursuivent de nos jours pour générer artificiellement de la foudre :

> Des lasers installés sur les avions déclencheraient également la foudre sur ceux de l'ennemi [...].

Historiquement, les militaires n'ont pas attendu les progrès de la science moderne pour s'intéresser aux orages. Ainsi, le rapport préparé en 1984 dans le cadre du secrétariat général de l'Onu sur l'évolution de la recherche et du développement que nous avons déjà cité dans la partie sur la végétation, intitulé *Weather Modification: The Evolution of an R&D Program Into a Military Operation*, rapporte que :

> L'Office of Naval Research a soutenu pendant des années plusieurs programmes de recherche de base dans le domaine de l'électricité atmosphérique, dont certains ont trait à la possibilité de modifier artificiellement les éclairs produits par les orages.

Ainsi que nous l'avons rappelé dans le préambule, Lowell Ponte confirme dans son livre *The Cooling* (1972) que le ministère de la Défense a étudié la foudre à travers les ressources du projet Skyfire :

> L'un des objectifs du projet Skyfire est de déterminer la possibilité de prévenir les feux de foudre ou d'en réduire la gravité en ensemençant les nuages.[147]

Officiellement, c'est un programme purement civil mené par l'United States Forest Service (USFS), qui gère aujourd'hui plus de cent soixante-dix forêts et prairies nationales, pour une superficie totale de l'ordre de 780 000 km². Le rapport cité ci-dessus nous apprend en page 10 que trente générateurs ont fonctionné pendant 2 560 heures pour la saison d'orage de l'année 1957. Différentes combi-

---
146. *Controlling the weather,* Paul Simons, *The Guardian*, 24 septembre 2001.
147. *The Project Skyfire Cloud-Seeding Generator*, Donald M. Fuquay & H. J. Wells, Forest Service, 1957.

naisons de fonctionnement et d'ensemencement des orages sont testées, mais rien n'est indiqué quant aux résultats et à la possibilité de modifier la foudre, voire de la déclencher.

En conclusion de ce chapitre sur la modification du temps et du climat comme arme environnementale, rappelons que ses effets peuvent avoir des conséquences dévastatrices bien au-delà de ce qui est généralement admis, ainsi que nous le rappelle en p. 4 le rapport *Weather Modification: The Evolution of an R&D Program into a Military Operation*, cité ci-dessus :

> L'Army, la Navy et l'Air Force dépensent près d'un million de dollars par année pour modifier les conditions météorologiques, et leur intérêt considérable suggère que les applications militaires vont bien au-delà du simple envoi de quelques douches sur un ennemi. Il n'est pas nécessaire d'avoir l'esprit vif pour comprendre que les tempêtes en temps de guerre peuvent facilement être infectées par des substances bactériologiques et radiologiques virulentes.

D'autant plus que le même rapport confirme en p. 8 que

> des recherches exploratoires ont été menées sur les moyens de changer l'orientation des tempêtes majeures.

Pour mémoire, ce texte a été rédigé en 1984, il y a donc trente-cinq ans. Pouvons-nous imaginer qu'aucun progrès n'ait été réalisé depuis ?

Chapitre 5

L'Espace

Définitions

Définir précisément où commence l'espace lorsqu'il s'agit d'une planète n'est pas évident. Pour des raisons de simplicité, nous retiendrons l'usage courant qui considère qu'il commence là où s'arrête l'atmosphère. Problème : où s'arrête-t-elle ?

En fait, il n'y a pas de limite nette et tranchée. En conséquence, elle est plutôt fixée par convention. Ainsi, l'altitude de 100 km au-dessus de la Terre est généralement reconnue comme la frontière entre l'espace et l'atmosphère, bien que les déplacements à partir de 80 km entraînent l'utilisation des substantifs « astronaute », « cosmonaute » ou « spationaute ».

Rappelons les principales composantes au-dessus de la Terre jusqu'à l'espace : la troposphère (de 6 à 20 km), la stratosphère (de 20 à 50 km), la mésosphère (de 50 à 85 km), la thermosphère (de 85 à 690 km) et l'exosphère (jusqu'à 10 000 km). Il faut y ajouter la notion d'ionosphère, qui recouvre plusieurs couches et se situe entre environ 80 et 500 km d'altitude.

Dans ce chapitre, sera considérée comme de la haute altitude ce qui se passe à partir de la moitié de la stratosphère, c'est-à-dire 35 km, plafond que les ballons météo peuvent atteindre et qui constituera notre limite inférieure, même si l'espace démarre nettement plus loin.

Estes Kefauver, le nouveau Jules Verne ?

Dans *L'Arme climatique*, nous avons rappelé l'idée développée par Jules Verne dans son roman *Sans dessus dessous* paru en 1889 de faire basculer la Terre sur son axe pour rapprocher le pôle du Soleil afin de faire fondre la glace et pouvoir exploiter le charbon enfoui dessous.

L'Arme environnementale

Voici ce que rapporte le *New York Times* après une conférence de presse en octobre 1956 du sénateur du Tennessee, Estes Kefauver, le candidat démocrate à la vice-présidence, aux côtés d'Adlai Stevenson :

> Le sénateur Estes Kefauver a affirmé hier que les bombes à hydrogène pourraient « actuellement faire basculer de 16 degrés la Terre de son axe, ce qui affecterait les saisons... » [...].
>
> Le sénateur Kefauver a indiqué qu'il avait acquis sa conviction dans l'inclinaison potentielle du globe en tant que président d'une sous-commission du Senate Armed Services.[148]

Ce n'est sans doute pas cette déclaration qui leur fit perdre l'élection face au président sortant Dwight D. Eisenhower, mais nous la citons en début de ce chapitre pour montrer ce qui pouvait déjà être envisagé dans les coulisses du pouvoir politique et militaire à Washington en matière environnementale.

Un Traité bien traité ?

Normalement, ainsi que le prévoit le Traité sur l'espace de 1967 signé par tous les grands pays, que nous avons présenté au premier chapitre, il est interdit d'utiliser l'espace à des fins militaires, puisque l'article IV stipule :

> Les États parties au Traité s'engagent à ne mettre sur orbite autour de la Terre aucun objet porteur d'armes nucléaires ou de tout autre type d'armes de destruction massive, à ne pas installer de telles armes sur des corps célestes et à ne pas placer de telles armes, de toute autre manière, dans l'espace extra-atmosphérique.
>
> Tous les États parties au Traité utiliseront la Lune et les autres corps célestes exclusivement à des fins pacifiques. Sont interdits sur les corps célestes l'aménagement de bases et installations militaires et de fortifications, les essais d'armes de tous types et l'exécution de manœuvres militaires.

---

148. *Kefauver Says Bomb Could Tilt Earth 16°*, Peter Kihss, *The New York Times*, October 17, 1956.

Cela semble bannir toute utilisation militaire de l'espace, sauf que l'article se poursuit ainsi :

> N'est pas interdite l'utilisation de personnel militaire à des fins de recherche scientifique ou à toute autre fin pacifique. N'est pas interdite non plus l'utilisation de tout équipement ou installation nécessaire à l'exploration pacifique de la Lune et des autres corps célestes.

Il suffit donc d'ajouter quelques blouses blanches qui serviront d'alibi scientifique, et le tour est joué pour développer, tester et installer des armes spatiales. De toute façon, depuis quand les traités internationaux arrêtent ou même entravent les militaires ?

L'espace, le prochain champ de bataille
C'est d'ailleurs ce qu'exprime sans ambiguïté le général Joseph W. Ashy, commandant en chef de l'U.S. Unified Space Command, en 1996 :

> Nous allons nous développer dans ces deux missions (le contrôle de l'espace et ses applications aux forces spatiales), parce que leur importance s'accroît progressivement. Un jour, nos forces combattantes partiront de l'espace, aussi bien l'armée de l'air que la marine ou l'infanterie. Nous engagerons nos forces combattantes dans l'espace, à partir de l'espace. Et cet engagement ne tardera plus. Des responsables ont déjà été désignés et les objectifs détaillés de ces missions ont été explicités. Oui, nous engagerons des forces armées dans l'espace, accompagnées d'un système de défense de missiles balistiques couvrant l'Amérique du Nord. Certes, le sujet est politiquement sensible, mais il se réalisera. Une partie de l'opinion publique ne veut pas en entendre parler et il est sûr que ce n'est pas *en vogue*[149]... mais – absolument – nous irons nous battre dans l'espace.[150]

---
149. En français dans le texte.
150. *Aviation Week & Space Technology*, 5 août 1996, cité dans *La Planète Terre, ultime arme de guerre*, Dr Rosalie Bertell, pp. 117-118.

Les Russes, les Chinois, mais aussi tous les pays ayant une politique spatiale, dont les pays européens, l'Inde, etc., ont évidemment une composante militaire (plus ou moins) secrète intégrée à ces programmes. Nous ne nous intéresserons pas pour autant dans ce chapitre à la guerre spatiale en général et au déplacement des armes vers l'espace, seulement à celles qui sont créées en utilisant les conditions physiques propres à cette zone du ciel et peuvent les modifier.

Opération Argus

En 1957, le physicien Nicholas C. Christofilos, du Lawrence Radiation Laboratory à l'université de Californie, arrive à la conclusion que des explosions nucléaires en haute altitude créeraient une ceinture de radiation dans les régions les plus hautes de l'atmosphère, comme celles de la ceinture de radiation de Van Allen,[151] découverte peu de temps après. Il valide ses calculs en janvier 1958 et sa théorie devient

> d'un intérêt majeur pour le gouvernement américain, en particulier le ministère de la Défense (DoD), en raison des effets possibles sur les systèmes de défense d'une ceinture de radiation créée artificiellement. Par exemple, une source d'électrons suffisamment puissante, telle qu'une ogive nucléaire de plusieurs mégatonnes, si elle était détonée au-dessus de la Terre, pourrait gravement dégrader les transmissions radio et radar dans la bande de 50 à 200 MHz. Une telle ceinture de radiation pourrait également endommager ou détruire les mécanismes d'armement et d'amorçage d'un missile balistique intercontinental la traversant. Une troisième possibilité serait que la

---

[151]. L'existence de « la ceinture de radiation de Van Allen » ou « ceinture de Van Allen » fut confirmée par James Van Allen à l'université de l'Iowa au début de 1958. Composante de la magnétosphère, elle comprend deux zones appelées « ceinture intérieure » et « ceinture extérieure ». La première se situe entre environ 500 et 6 000 km au-dessus de la Terre et se compose principalement de protons à haute énergie, la seconde se manifeste entre 13 000 et 60 000 km et est principalement constituée d'électrons à haute énergie. Ajoutons que les chiffres de ces altitudes sont plus indicatifs qu'absolus, car les limites peuvent varier en fonction de multiples facteurs.

ceinture de radiation pourrait mettre en danger les équipages des véhicules spatiaux en orbite qui seraient entrés dans la ceinture.[152]

Replaçons-nous dans le contexte de l'époque pour comprendre pourquoi cette théorie est d'un « intérêt majeur pour le gouvernement » : quelques semaines auparavant, soit le 4 octobre 1957, les Soviétiques ont lancé Spoutnik 1, le premier satellite artificiel de la Terre, gagnant la première étape de la course à l'espace. Les États-Unis seraient donc démunis face à une attaque venant par l'espace.

La décision est alors prise au sommet de tester la théorie de N. Christofilos, le président Eisenhower donnant son approbation le 6 mars. Les autorités y ajoutent un caractère d'urgence, car un moratoire sur les essais nucléaires atmosphériques est envisagé pour l'automne : l'expérience doit être terminée au plus tard le 1er septembre 1958, ce qui laisse moins de six mois. C'est un délai anormalement court pour ce genre de tests, car ils nécessitent en général un an de préparation. Une course contre la montre s'engage donc sous le nom de code « Opération Argus ».[153]

Bien qu'y participent environ 4 500 personnes et neuf navires, elle doit absolument restée secrète, compte tenu du contexte politique international. C'est d'autant plus difficile qu'une explosion nucléaire en haute atmosphère sera forcément enregistrée par les autres pays. Un scénario est donc préparé pour cacher la nature de l'opération et ses objectifs, tant vis-à-vis des nations du monde que de la majorité des membres du DoD participant à l'opération.

Le 25 avril, l'organisation se met en place, avec sept participants : l'Arpa, l'Armed Forces Special Weapons Project (AFSWP), l'Army Ballistic Missile Agency (Abma), l'Air Force Special Weapons Center (AFSWC), l'U.S. Navy, le Los Alamos Scientific Laboratory avec Sandia Corporation, et l'Air Force Cambridge Research Center (AF-

---

152. *Operation Argus 1958*, United States Atmospheric Nuclear Weapons Tests, Nuclear Test Personnel Review, prepared by the Defense Nuclear Agency as Executive Agency for the Department of Defense.
153. Au final, l'U.S. Atomic Energy Commission conduira 235 tests nucléaires atmosphériques entre 1945 et 1962, à partir de sites aux États-Unis et depuis le Pacifique et l'Atlantique.

CRC). Une équipe dédiée est installée à partir du 26 avril, sous le nom de « Task Force 88 » (TF 88), qui sera dissoute à la fin du programme.

Pour différentes raisons, notamment géophysiques, les tirs auront lieu de l'Atlantique Sud. Prévus initialement au nombre de deux, un troisième est ajouté afin d'augmenter les chances de succès. Outre les nombreuses difficultés inhérentes à ce genre d'expérimentation, c'est la première fois qu'une arme nucléaire sera tirée d'un bateau.

De multiples tests préparatoires sont effectués, si bien qu'est lancé le 27 août le premier missile X-17a en direction de l'atmosphère. Le deuxième suit le 30 août, mais le troisième n'est tiré que le 6 septembre, par suite de problèmes mécaniques et de conditions météorologiques défavorables. Les localisations respectives sont approximativement 38° S, 12° O ; 50° S, 8° O ; et 50° S, 10° O. Les trois missiles à charges nucléaires d'une puissance d'1,5 mégatonne sont détonés à une altitude entre 200 et 500 km au-dessus de la Terre (on trouve aussi l'information de 800 km pour le troisième test).

L'opération Argus se révèle un succès, car elle prouve qu'« une explosion nucléaire à une altitude suffisamment haute produit une « carapace » d'électrons enveloppant la Terre ».[154]

Exactement trois mois après le dernier tir, soit le 6 décembre 1958, la sonde lunaire Pioneer 3, bien que la mission soit ratée – elle ne dure qu'un jour et demi –, mesure un résidu des effets de l'opération Argus à très haute altitude. Il n'y en a plus de trace avant le vol de Pioneer 4, le 3 mars 1959, soit environ trois mois plus tard.

Ces essais sont officiellement révélés par l'administration Eisenhower presque un an plus tard, le 19 mars 1959. Le *New York Times* titre alors au sujet d'Argus : *La plus grande expérience scientifique jamais tentée*.

Peut-être. En tout cas, c'est la preuve que l'espace est testé comme arme environnementale depuis au moins une soixantaine d'années, et sans aucune connaissance des éventuelles conséquences pour la planète et ses habitants à court, moyen et long terme.

---

154. Rapport *Operation Argus 1958*, déjà cité.

Chapitre 5 : L'Espace

L'espace explose

Précédant l'opération Argus, trois autres explosions nucléaires en haute altitude sont effectuées dans le cadre de l'opération Newsreel, elle-même faisant partie d'une vaste opération de trente-cinq essais nucléaires conduits par les États-Unis d'avril à octobre 1958 sous le nom de code d'opération Hardtack I.

Ces trois tests ont pour objectifs de mesurer les effets de ces explosions sur le matériel et les systèmes électroniques, et voir quelles formes d'énergie elles produisent. Voici leurs principales caractéristiques : Yucca (28 avril 1958, bombe de 1,7 kilotonne, détonée à 26,2 km au-dessus de la Terre, emportée par un aérostat, alors que les suivants utiliseront un missile, qui permet d'aller plus haut), Teak (31 juillet 1958, 3,8 mégatonnes, la première testée en haute altitude dans cette gamme de puissance, à 76,2 km) et Orange (11 août 1958, 3,8 mégatonnes, à 43 km d'altitude).

De nombreux autres tests atomiques sont effectués sur cette période, mais ils ne concernent pas l'espace et l'arme environnementale. Pour les lecteurs intéressés, se reporter notamment aux opérations Hardtack II, Nougat, Dominic I et II.

L'espace continue d'exploser

Le 30 août 1961, Nikita Khrouchtchev annonce que les Soviétiques mettent fin au moratoire bilatéral sur les essais nucléaires qui dure depuis trois ans – il est officiellement entré en vigueur le 31 octobre 1958. Cela tombe bien pour les Américains, car les tests de 1958 en haute altitude ont laissé beaucoup de questions sans réponse. Les États-Unis reprennent donc leurs expérimentations avec l'opération Fishbowl pour la haute altitude, qui fait partie de la vaste opération Dominic, avec plus d'une trentaine d'essais atmosphériques et sous-marins effectués sur l'année 1962.

Les tests suivants sont réalisés successivement dans le cadre de l'opération Fishbowl à partir de l'atoll Johnston, dans le Pacifique Nord, à environ 1 300 km d'Hawaï :

– Bluegill : la charge nucléaire est lancée sur un missile Thor le 2 juin 1962. Les radars perdent sa trace, alors il est détruit sans avoir été détoné. En fait, il avait bien conservé sa trajectoire.

– Starfish : après son lancement le 19 juin, le missile doit également être détruit, à environ 10 km d'altitude. Certains des débris retombent sur Terre et sont récupérés contaminés au plutonium dans l'océan.

– Starfish Prime : il est convenu au début de l'opération qu'un test échoué conservera pour la tentative suivante le même nom auquel sera ajouté « Prime », d'où « Starfish Prime » (idem pour les tests suivants). Le tir est effectué le 9 juillet et il est réussi : la bombe nucléaire d'1,4 mégatonne[155] est détonée à environ 400 km au-dessus de la Terre. L'impulsion électromagnétique produite est beaucoup plus importante que prévue et cause des dommages électriques jusqu'à Hawaï, pourtant distante de 1 500 km du point de détonation : trois cents lampadaires deviennent hors circuit, de nombreuses alarmes sont déconnectées, une compagnie de téléphone voit son réseau affecté, etc. Sur les vingt-quatre satellites alors en orbite ou lancés dans les semaines suivantes, au moins huit d'entre eux sont endommagés, dont Telstar I, le premier satellite de communications, mis en service le lendemain de Starfish Prime, ainsi que des satellites soviétiques.[156] Les mesures montrent que la ceinture de radiation provoquée par cette explosion perdure pendant des mois, voire plus, avec des électrons injectés dans le champ magnétique terrestre. Voici d'ailleurs le commentaire du Dr Rosalie Bertell :

> Ces tests perturbent gravement la ceinture inférieure de Van Allen, la détruisant pratiquement, avec des particules radioactives projetées dans l'ionosphère inférieure, et les communications radio-terrestres sont supprimées en quasi-totalité pendant plusieurs heures à des kilomètres de distance.

---

155. Pour rappel, 1,4 mégatonne est l'équivalent de 1,4 million de tonnes de TNT. Lorsque la bombe explose, les électrons subissent une accélération foudroyante, ce qui crée un champ magnétique extrêmement puissant, appelé « impulsions électromagnétique » (EMP, de l'anglais « electromagnetic pulse »).
156. *Collateral Damage to Satellites from an EMP Attack*, Defense Threat Reduction Agency, DTRA-IR-10-22, août 2010.

Le 19 juillet 1962, la Nasa annonce que, suite au test nucléaire du 9 juillet en haute altitude, une nouvelle ceinture de radiation s'est formée, s'étirant de 400 à 1 600 km d'altitude ; on peut la considérer comme une extension temporaire de la ceinture inférieure de Van Allen.[157]

Les militaires poursuivent néanmoins les opérations :

– Bluegill Prime : le 25 juillet a lieu la nouvelle tentative de lancement du système Bluegill, mais elle se termine par un désastre dès la mise à feu du missile, avec pour résultat la contamination radioactive et chimique de l'atoll Johnston. Une pause est décrétée, le temps de décontaminer la zone et de reconstruire le pas de tir. Ainsi, le test Urraca, avec une bombe de l'ordre d'une mégatonne détonée à plus de 1 000 km d'altitude, est annulé.

– Bluegill Double Prime : l'opération Fishbowl reprend près de trois mois plus tard, avec un lancement le 15 octobre 1962. C'est un nouvel échec, le missile et sa charge étant détruits quatre-vingt-quinze secondes après le tir.

– Checkmate : effectué le 19 octobre, de faible puissance (inférieure à 10 kilotonnes), la bombe est détonée avec succès à 147 km au-dessus de la Terre.

– Bluegill Triple Prime : le quatrième essai de la série a lieu le 25 octobre. Cette fois, c'est une réussite, mais ni l'altitude ni la puissance de la bombe (sans doute 200 kilotonnes, 400 au maximum) ne sont communiquées officiellement.

– Kingfish : le tir se produit le 1er novembre. Comme pour le précédent essai, les données ne sont pas communiquées, mais la plupart des observateurs pensent qu'elles sont proches de celles de Bluegill Triple Prime. En effet, les répercussions de Starfish Prime ont été tellement puissantes que ne sont plus envoyées de bombes de l'ordre de la mégatonne et au-dessus. Les données de Bluegill Triple Prime et de Kingfish sont toujours classifiées, car elles ont permis d'aboutir au modèle de calcul de l'impulsion électromagnétique.

---

157. *La Planète Terre, ultime arme de guerre*, op. cité.

L'Arme environnementale

– Tightrope : les données sont également confidentielles, mais il semble que la puissance soit mineure – moins de 20 kilotonnes – avec une détonation à une faible altitude, à la limite de la haute altitude.

L'opération Fishbowl se termine avec ce dernier test, mais les expérimentations pour utiliser l'espace comme arme environnementale multiforme ne sont pas terminés. Est-il possible de penser que toutes ces explosions nucléaires n'ont aucune conséquence pour la Terre et son environnement ?

Et les Soviétiques ?

Eux aussi procèdent à des tests nucléaires en haute altitude, en commençant après les États-Unis, en 1961. C'est d'ailleurs exactement une semaine après leur annonce de la rupture du moratoire sur les essais nucléaires qu'ils débutent leurs essais en haute altitude. Ils réalisent quatre tests la première année avec les caractéristiques suivantes :

N° de test	Date	Puissance	Altitude
Test #88	6 septembre 1961	10,5 kt	22,7 km
Test #115	6 octobre 1961	40 kt	41,3 km
Test #127	27 octobre 1961	1,2 kt	150 km
Test #128	27 octobre 1961	1,2. kt	300 km

La puissance des bombes nucléaires utilisées est globalement inférieure à celle des programmes états-uniens. 1962 fait l'objet de trois nouveaux essais avec les caractéristiques suivantes :

N° de test	Date	Puissance	Altitude
Test #184	22 octobre 1962	300 kt	290 km
Test #187	28 octobre 1962	300 kt	150 km
Test #195	1 novembre 1962	300 kt	59 km

Chapitre 5 : L'Espace

Les puissances sont nettement augmentées par rapport à l'année précédente mais restent toujours en deçà des bombes nord-américaines, puisque aucune n'atteint la mégatonne. Le Projet K comprend les deux derniers tirs de 1961 et les trois de 1962, tous effectués du cosmodrome de Kapustin Yar, à proximité de Volgograd.

Selon une étude de Jerry Emanuelson,[158] bien que la bombe soit d'une puissance inférieure à celle de Starfish Prime (300 kt contre 1,4 mt), les conséquences du test #184 du 22 octobre 1962, lancé en pleine crise des missiles de Cuba, sont significatives, car il est effectué au-dessus d'une région peuplée et dans une zone où le champ magnétique terrestre est plus grand. Ainsi, l'impulsion électromagnétique générée par l'explosion endommage une ligne électrique souterraine d'environ 1 000 km entre Astana et Almaty, avec des départ d'incendie, la centrale électrique de Karaganda prend feu (elle aurait même été détruite), une ligne téléphonique de 570 km cesse de fonctionner, des radios et radars distants jusqu'à 1 000 km du point d'explosion deviennent hors-circuit, etc.

En revanche, il semble que ces tests, y compris le #184, n'eurent pas de conséquence sur la population, d'autant plus qu'ils étaient effectués en plein jour, à la différence des essais américains, tous nocturnes, qui provoquèrent des troubles de la vue chez certains personnels. À noter toutefois que les autorités soviétiques paraissent n'avoir jamais communiqué sur ces essais nucléaires, il n'est donc pas possible de connaître leurs conséquences réelles. Jerry Emanuelson ajoute que

> les résultats des tests soviétiques en haute altitude de 1962 furent enregistrés à la fois par le satellite soviétique Cosmos XI et, de façon inattendue, par le satellite américain Explorer XV. Sa mission première était d'étudier la ceinture de radiation artificielle générée par le test Starfish Prime du 9 juillet, mais Explorer XV enregistra plus de ceintures que prévu. Selon la note technique D-2402 de la Nasa, intitulée *The Effects of High Altitude Explosions*, de Wilmont N. Hess, « le 27 octobre 1962, la

---
158. *Soviet Test 184*, Jerry Emanuelson, Futurescience.

L'Arme environnementale

> Nasa lança Explorer XV afin d'étudier les ceintures de radiation artificielles. Mais avant qu'il eut décollé, il y en avait deux et tandis qu'il était sur son orbite depuis une journée, en apparaissait une troisième. Les Soviétiques avaient effectué des explosions en haute altitude les 22 et 28 octobre, puis une troisième le 1er novembre. »

Après ce dernier tir, les Soviétiques n'effectuent plus de tests nucléaires en haute altitude. Certes, ils signent quelques mois plus tard, le 5 août 1963, le Traité interdisant les essais d'armes nucléaires dans l'atmosphère, dans l'espace extra-atmosphérique et sous l'eau, mais ce n'est peut-être pas la seule raison : Jerry Emanuelson évoque l'hypothèse que le fonctionnement du cosmodrome de Baïkonour, le principal centre de tir de l'URSS, aurait pu être impacté par les trois derniers essais. À l'appui de sa réflexion, il signale une succession d'échecs commençant le 24 octobre avec le lancement de Spoutnik 22, qui explose en vol. Une dizaine de jours plus tard, le 4 novembre, c'est au tour de Spoutnik 24 de connaître l'infortune.

> Le 9 novembre 1962, sept vols Vostok habités déjà programmés (de Vostok 7 à Vostok 13) sont soudainement annulés. Bien qu'il n'y ait aucune preuve que les raisons de l'annulation de ces sept missions spatiales majeures soient liées à des dommages causés à Baïkonour par l'impulsion électromagnétique (EMP) des tests, elle se produisit juste après, et les raisons de cette soudaine annulation de sept vols habités n'ont jamais été expliquées.

C'est d'autant plus plausible que la distance entre le cosmodrome de Kapustin Yar et celui de Baïkonour est d'environ 1 500 km en ligne droite – ce qui rappelle celle entre Hawaï et le point de détonation de Starfish Prime, même si la bombe était plus puissante – et que les missiles furent tirés en direction de l'est, donc de Baïkonour (la position précise des détonations n'est pas connue). En imaginant qu'ils aient été tirés à la verticale, ce qui n'est pas possible en l'occurrence, il n'y a pas que Baïkonour qui aurait subi les conséquences de l'EMP du test #184, puisque Moscou se situe à

Chapitre 5 : L'Espace

900 km de Volgograd et Kiev à 1 000 km. Cela aurait généré une catastrophe nationale.

Ainsi que nous l'avons signalé ci-dessus, il n'y aura plus d'expérience soviétique en haute altitude jusqu'à la signature le 5 août 1963 du Traité interdisant les essais d'armes nucléaires dans l'atmosphère, dans l'espace extra-atmosphérique et sous l'eau, qui les interdit définitivement.

Et les Chinois ?

Le CTBO (cf. Chapitre 1) recense quarante-cinq tests nucléaires pour la Chine, effectués entre 1964 et 1996, dont vingt-trois dans l'atmosphère. Le dernier test atmosphérique de la planète est d'ailleurs chinois et a lieu le 16 octobre 1980 (test #29). Bien que les données détaillées ne soient pas disponibles, notamment l'altitude de détonation, il est admis que les Chinois n'ont pas effectué de test en haute altitude comme les Soviétiques et les Américains, en tout cas à proximité ou dans la ceinture intérieure de Van Allen.

Cela ne signifie pas pour autant qu'ils n'ont pas modélisé le phénomène de l'EMP et ses applications militaires. Toutefois, lorsqu'ils réalisent le 11 janvier 2007 ce test de destruction de satellite qui fait alors couler beaucoup d'encre,[159] ce n'est pas cette technologie qu'ils utilisent, qui n'aurait d'ailleurs pas eu de sens et aurait révélé qu'ils maîtrisent cette technologie, mais un « simple » missile balistique.

Au final, parmi toutes les puissances nucléaires, seuls les États-Unis et l'URSS ont réalisé des tests d'explosion nucléaire en haute altitude. Et c'est déjà trop.

---

159. Ce test de missile antisatellite (ASAT) vise un satellite météorologique chinois situé à une altitude de 865 km et d'un poids de 750 kg. L'engin qui le détruit se déplaçait à la vitesse de 8 km / seconde. Les Chinois effectuèrent d'autres tests de ce type par la suite, vraisemblablement en 2010, 2013 et 2014, même s'ils ne l'ont pas reconnu officiellement. Ils développèrent également des armes, dont certaines à base de technologie laser, afin de neutraliser des satellites ennemis.

L'Arme environnementale

Le projet West Ford ou Westford Needles

Les militaires et les scientifiques ne manquent pas d'idées lorsqu'il s'agit d'essayer n'importe quoi, y compris dans l'espace, ainsi qu'en témoigne ce projet ancien. Tandis que la guerre froide bat son plein, le Pentagone s'inquiète du fait que les communications internationales dépendent alors de deux sources : les câbles sous-marins et le rebond des ondes sur l'ionosphère. Si les Soviétiques coupent les câbles, il sera difficile de communiquer en utilisant seulement l'ionosphère, assez imprévisible et mal connue. Cela signifie donc la fin des communications avec les forces alliées (rappelons que les satellites de communication n'existent pas encore).

L'U.S. Air Force décide en 1958 de confier au Lincoln Laboratory du MIT de créer... une atmosphère artificielle au-dessus de la Terre, rien de moins ! Pour ce faire, le 21 octobre 1961 sont mises en orbite entre 3 500 et 3 800 km d'altitude 480 000 000 aiguilles en cuivre de 1,78 cm et de 40 microgrammes. Cette longueur est déterminée car elle correspond à la moitié de la longueur d'onde du signal de 8 GHz. L'objectif consiste à créer un anneau d'antennes dipolaires autour de la Terre, qui permettra les communications en toutes circonstances. Cette tentative est un échec, car les aiguilles restent agglutinées et ne se déploient pas comme prévu.

Un second essai est effectué le 9 mai 1963, avec des aiguilles d'un diamètre inférieur de 30 % (17,8 µm, contre 25,4 µm). Cette fois, le succès est au rendez-vous : en quarante jours environ, elles forment une ceinture entourant la planète sur 15 km de large et 30 km d'épaisseur. Les essais de communication sont particulièrement concluants, tant que les aiguilles restent groupées. Or, quatre mois plus tard, elles ont été dispersées, ce qui annule l'efficacité du système.

Le projet est donc abandonné, d'autant plus qu'il suscite une vive opposition tant des Soviétiques que des alliés, comme le Royaume-Uni, dont il gêne les communications. De même, les astronomes sont très inquiets que cet anneau d'aiguilles puisse perturber leurs observations. L'affaire vient à l'ONU, mais l'ambassadeur nord-américain Adlai Stevenson rassure le monde entier en expliquant que les aiguilles seront retombées au plus tard d'ici trois ans. Cette expérimentation n'entraîne pas plus de conséquences sur le plan international, si ce n'est que l'Article IX du Traité de l'espace de 1967 sera rédigé en tenant compte de ce projet West Ford.

Ainsi que l'écrit le Dr Rosalie Bertell, les dommages que cause ce programme dans l'atmosphère supérieure si complexe est une question qui demeure sans réponse. Par exemple, un article publié en 2008 par Global Research indique que :

> Les aiguilles dans le ciel provoquèrent un changement dramatique dans le bilan thermique de l'atmosphère.[160]

Une chercheuse indépendante, Leigh Richmond Donahue, aidée par son mari physicien, Walter Richmond, qui suivait ce type d'expériences dans les années d'après-guerre, écrit au sujet de cette expérience :

> Quand les militaires envoyèrent une masse de minuscules fils de cuivre dans l'ionosphère pour tourner en orbite autour de la Terre « afin de réfléchir les ondes radio et de rendre leur réception plus claire », il y eut un séisme de magnitude 8,5 en Alaska et une bonne partie de la côte du Chili fut emportée. La masse de fils de cuivre interféra avec le champ magnétique planétaire.[161]

> Bien que rien ne puisse permettre d'affirmer que cette hypothèse soit juste ou fausse, elle fut cependant avancée par des scientifiques sérieux, et c'est à partir de là qu'on tenta d'établir un rapport entre les perturbations produites par l'homme dans l'atmosphère et les catastrophes violentes et inattendues qui surviennent à la surface du globe.[162]

Pour terminer sur le projet West Ford, signalons que l'ambassadeur Stevenson n'avait pas tout à fait raison : une quarantaine de paquets d'aiguilles orbitent toujours autour de la Terre, soit plus d'un demi-siècle après l'arrêt du programme, et sont suivis de ce fait par

---

160. *'Invisible Wars' of the Future: E-Bombs, Laser Guns and Acoustic Weapons*, Global Research, 6 juillet 2008.
161. Nick Begich et Jeane Manning, *Angels Don't Play This Haarp*, p. 53, op. cité.
162. Dr Rosalie Bertell, *La Planète Terre, ultime arme de guerre*, op. cité.

la Nasa et son Orbital Debris Program Office, dont la mission est la surveillance des débris spatiaux.

Bombes nucléaires dans les ceintures de Van Allen

Dans *L'Arme climatique*, nous avons présenté plusieurs passages du Rapport Theorin, du nom de son rapporteur, Mme Maj Britt Theorin, dont l'objet principal est la défense de l'environnement, déposé au Parlement européen le 14 janvier 1999. En voici un extrait :

> Depuis les années 50, les États-Unis procèdent à des explosions nucléaires dans les ceintures de Van Allen afin d'examiner les effets des impulsions électromagnétiques qu'elles déclenchent sur les communications radio et le fonctionnement des équipements radars. Ces explosions ont généré de nouvelles ceintures de rayonnement magnétique qui ont pratiquement entouré la Terre tout entière. Les électrons se déplaçaient le long de lignes de champs magnétiques et créaient une aurore boréale artificielle au-dessus du pôle Nord. Ces essais militaires risquent de perturber à long terme les ceintures de Van Allen. Le champ magnétique terrestre pourrait s'étendre sur de vastes zones et empêcher toute communication radio. Certains scientifiques américains estiment qu'il faudra plusieurs centaines d'années avant que les ceintures de Van Allen retrouvent leur état initial.

Cette opération est confirmée par un article de l'agence UPI publié en décembre 2000, après avoir interviewé le général Ken Hannegan, retraité de la Defense Nuclear Agency.[163] Il révèle que les États-Unis ont fait exploser dans les ceintures de Van Allen une bombe atomique de 50 kilotonnes (deux fois et demie la puissance de la bombe de Nagasaki) en 1964. Pourtant, ils ont signé quelques mois plus tôt le Traité interdisant les essais d'armes nucléaires dans l'atmosphère, dans l'espace extra-atmosphérique et sous l'eau, qui interdit définitivement ce genre d'opération. Rappelons le début de l'article premier :

---

163. *U.S physics blunder almost ended space programs*, Richard Sale, Terrorism Correspondent, United Press International, 8 décembre 2000.

1. Chacune des Parties au présent Traité s'engage à interdire, à empêcher et à s'abstenir d'effectuer toute explosion expérimentale d'arme nucléaire, ou toute autre explosion nucléaire, en tout lieu de sa juridiction ou de son contrôle :

a) Dans l'atmosphère, au-delà de ses limites, y compris l'espace extra-atmosphérique, ou sous l'eau, y compris les eaux territoriales ou la haute mer, [...].

L'article 2 est encore plus strict, car il ne limite pas à la notion ambiguë de « sa juridiction ou de son contrôle » :

2. Chacune des Parties au présent Traité s'engage en outre à s'abstenir de provoquer ou d'encourager l'exécution — ou de participer de quelque manière que ce soit à l'exécution — de toute explosion expérimentale d'arme nucléaire, ou de toute autre explosion nucléaire, qui aurait lieu où que ce soit dans l'un quelconque des milieux indiqués ci-dessus ou qui aurait les effets indiqués au paragraphe 1 du présent article.

Ce Traité ne semble donc pas engager les militaires américains,[164] qui, ainsi que l'explique l'article, effectuent cette expérience pour mettre au point une arme anti-satellite. Richard Sale, le journaliste, interroge également Maxwell Hunter, ancien scientifique de Lockheed qui participa au programme. Voici ce qu'il déclare :

C'était une idée militaire – que vous pourriez être en mesure de créer une arme en pompant artificiellement le rayonnement dans les ceintures en déclenchant des explosions et en piégeant ce rayonnement.

L'article nous apprend que le test faisait partie d'un programme intitulé « Project Century » – sur lequel nous n'avons trouvé ni rapport ni information détaillée – et que la bombe fut détonée entre 480 et 600 km. M. Hunter commente :

Nous voulions remplir les ceintures à l'endroit où elles sont les plus proches de la Terre. [...] De façon inattendue, cela désactiva nos satellites et ceux des Soviétiques.

---

164. Rien ne dit d'ailleurs qu'il n'y a pas eu un marchandage avec les Soviétiques, qui n'ont pas pu ne pas constater une telle explosion.

L'Arme environnementale

Cette remarque sur le côté « inattendu » est étonnante, car le phénomène avait déjà été largement constaté avec le test Starfish Prime deux ans plus tôt, à un point tel que le président Kennedy avait fait annuler le test suivant.

Poursuivons néanmoins la lecture. Alors que l'U.S. Air Force s'attend à ce que le rayonnement issu de l'explosion demeure dans les ceintures seulement pendant deux jours, M. Hunter explique qu'il y eut « un phénomène de rayonnement piégé » – en d'autres termes,

> les niveaux extraordinairement élevés de rayonnement refusèrent de se disperser. En fait, l'énergie de l'explosion de la bombe A resta dans les ceintures au moins un an, peut-être plus.

Le général K. Hannegan complète :

> Le rayonnement piégé désactivait tous les équipements américains et soviétiques qui le traversaient. La zone était devenue militairement neutre.

Ah, si toute la planète pouvait le devenir !

La Commission EMP

À la présentation de ces différents essais en haute atmosphère, il apparaît donc que l'espace constitue une arme redoutable, où l'on peut déclencher des EMP qui anéantiront les systèmes énergétiques, électroniques, de communication, etc., de l'ennemi – mais n'auront pas de répercussions directes sur les populations, en principe (il n'y aura plus toutefois d'électricité, ce qui aura forcément des conséquences). Cela priverait même de la possibilité de riposte nucléaire, sauf à partir de sous-marins en mission loin de la zone affectée par l'EMP.

Face à cette nouvelle menace issue de l'arme nucléaire, trois chercheurs expliquent ce qui suit dans leur étude intitulée *The Uncertain Consequences of Nuclear Weapon Use*[165] :

---

165. *The Uncertain Consequences of Nuclear Weapon Use*, Michael J. Frankel, James Scouras et George W. Ullrich, The Johns Hopkins University Applied Physics Laboratory, 2015.

Chapitre 5 : L'Espace

Au cours des deux décennies suivantes [après Starfish Prime], d'importants efforts de recherche et de développement menés par la Defense Nuclear Agency ont largement approfondi la compréhension de ce phénomène, tandis que les militaires s'efforçaient d'identifier les vulnérabilités et de développer des méthodologies de renforcement pour la protection de leurs actifs stratégiques contre la menace de l'exposition aux EMP.

Les trois chercheurs soulignent cependant :

Aucun effort comparable n'a été déployé pour explorer les vulnérabilités des infrastructures civiles de la nation aux risques potentiels d'une attaque EMP.

Avec la chute de l'URSS, la menace semble s'éloigner, mais elle réapparaît au début des années 2000. Alerté sur la question, le Congrès crée en 2001 la Commission to Assess the Threat to the United States from Electromagnetic Pulse (EMP) Attack[166] – appelée « EMP Commission », dont la mission consiste à évaluer :

1. la nature et l'ampleur des menaces potentielles d'attaques EMP en haute altitude contre les États-Unis du fait de tous les États potentiellement hostiles ou d'acteurs non étatiques qui ont ou pourraient acquérir des armes nucléaires et des missiles balistiques leur permettant d'effectuer une attaque EMP à haute altitude contre les États-Unis dans les quinze prochaines années ;

2. la vulnérabilité des systèmes militaires et surtout civils des États-Unis à une attaque EMP, en accordant une attention particulière à la vulnérabilité des infrastructures civiles et la préparation aux situations d'urgence ;

3. la capacité des États-Unis à réparer et à se remettre des dommages infligés à leurs systèmes militaires et civils par une attaque EMP ; et

4. la faisabilité et le coût du renforcement de la protection de certains systèmes militaires et civils contre une attaque EMP.

---

166. « Commission d'évaluation de la menace d'une attaque à l'impulsion électromagnétique (EMP) contre les États-Unis ».

Un premier rapport exécutif est publié en 2004.[167] Sa lecture est intéressante à plus d'un titre, notamment parce qu'il précise qu'une explosion nucléaire dès 40 km d'altitude peut déclencher une EMP. Or, la plupart des États ont la capacité d'atteindre ce plafond. Sans surprise, sont cités

> les États voyous, tels que la Corée du Nord et l'Iran, qui pourraient aussi développer la capacité de poser une menace EMP sur les États-Unis, et être imprévisibles et difficiles à dissuader.

En fait, nous y sommes : la menace que représente la Corée du Nord avec ses essais de missiles à tête nucléaire ne porte peut-être pas tant sur le fait de les faire exploser au-dessus de Los Angeles ou Seattle que de déclencher une EMP contre les États-Unis, anéantissant en partie le fonctionnement des infrastructures.

Voici d'ailleurs ce qu'écrivent les trois chercheurs de l'Université Johns Hopkins :

> Une explosion nucléaire à haute altitude (plus de quarante kilomètres), grâce au processus de diffusion de photons connu sous le nom d'effet Compton, produit de nombreuses quantités d'électrons dont l'interaction avec le champ magnétique naturel de la Terre génère un champ électromagnétique massif avec une empreinte terrestre s'étendant sur des milliers de kilomètres carrés. Par exemple, l'empreinte EMP d'une détonation à une altitude supérieure à environ cinq cents kilomètres sur Omaha, au Nebraska, engloberait l'ensemble des quarante-huit États contigus. Cependant, comme l'intensité de la perturbation électrique s'affaiblit à mesure que la distance du point de détonation augmente, une attaque EMP risque d'être plus ciblée sur des altitudes plus basses et plus proche des régions du pays avec des densités de population plus élevées (c'est-à-dire au-dessus de la côte Est ou Ouest, ou au-dessus des deux).

Certes, rien ne dit que la Corée du Nord maîtrise les EMP, rien ne dit le contraire non plus, mais il « suffirait » de déclencher une

---

167. *Report of the Commission to Assess the Threat to the United States from Electromagnetic Pulse (EMP) Attack, Volume 1: Executive Report*, Dr. John S. Foster, Jr et al., 2004.

explosion nucléaire à partir d'une altitude de l'atmosphère peu élevée pour produire un minimum d'effets dévastateurs. Et l'avantage géostratégique des États-Unis d'être situés entre deux océans et sans ennemi à ses frontières terrestres se transformerait en désavantage : il est possible de viser leur territoire sans toucher d'autres pays. La réciproque n'est pas vraie, car tout déclenchement d'une EMP par les États-Unis « éteindrait » la Corée du Sud et tout ou partie du Japon, avec immanquablement des répercussions sur la Chine, voire la Russie. On imagine aisément les conséquences.

Il reste toutefois à lever un certain nombre d'incertitudes pour déterminer si une attaque EMP par les Nord-Coréens relève de la menace réelle ou à peine du risque potentiel ou fantasmé. Cela revient notamment à déterminer la puissance réelle de leurs bombes nucléaire, leur capacité à les transporter et les faire détoner dans l'atmosphère.

Dans leur rapport de 2004, puis celui de 2008 (*Critical National Infrastructures*), les membres de la Commission EMP émettent des recommandations, y compris en matière d'infrastructures civiles, mais, comme le soulignent les chercheurs de l'Université Johns Hopkins,

> à ce jour [2015], il est peu évident que les recommandations du rapport en vue de protéger lesdites infrastructures aient résulté en des actions concrètes menées par le Department of Homeland Security.

Pourtant, en matière d'attaque EMP, il existe un ennemi beaucoup plus puissant que la Corée du Nord, ou même la Chine ou la Russie : le Soleil. Trois phénomènes causés par les éruptions solaires sont identifiés par la NOAA (National Oceanic and Atmospheric Administration) comme sources de perturbations : les tempêtes (géo) magnétiques, les tempêtes de radiations solaires, et les black-out liés au rayonnement solaire.

Ainsi, l'un des premiers événements documentés de ce genre a lieu au Québec le 13 mars 1893 : à la suite d'une éruption solaire, se produit une panne de courant totale du réseau électrique de Montréal durant neuf heures. Si une éruption solaire majeure se produisait aujourd'hui, plus d'un siècle plus tard, ce n'est pas en nombre d'heures ni même de jours voire de semaines que se mesureraient les conséquences.

La couche d'ozone
Son existence est démontrée en 1913 par les physiciens français Charles Fabry et Henri Buisson. Située dans la partie basse de la stratosphère, en moyenne entre 15 et 35 km au-dessus de la Terre, son épaisseur varie en fonction des saisons et des zones géographiques.

Molécule composée de trois atomes d'oxygène, l'ozone est créé lorsque le rayonnement solaire casse le dioxygène et ses deux atomes d'oxygène ; chacun se recompose ensuite avec une autre molécule de dioxygène, ce qui donne trois atomes d'oxygène, donc l'ozone.

Même si l'on parle de « couche d'ozone », la présence de cette molécule reste proportionnellement faible, de l'ordre de 10 ppm[168] (10 sur 1 000 000). Son rôle n'en est pas moins indispensable, car elle absorbe la majeure partie du rayonnement solaire ultraviolet, nocif pour la vie. En résumé, sans couche d'ozone, il n'y a pas de vie sur terre, sauf à partir d'une certaine profondeur dans les océans.

Par conséquent, réduire ou « creuser » la couche d'ozone au-dessus d'un pays revient à attaquer sa population et ses moyens de subsistance. Cette possibilité a-t-elle été testée militairement ? Oui, ainsi que nous l'avons indiqué dans le préambule :

> Rétrospectivement, nous pouvons nous interroger si le trou dans la couche d'ozone avait pour seule cause les chlorofluorocarbones ou CFC... D'autant plus que Lowell Ponte confirme dans plusieurs articles en 1972 et dans son livre *The Cooling*[169] que le ministère de la Défense a développé un nouveau type de canon laser qui pourrait être installé sur un satellite géostation-

---
168. Ppm = partie par million.
169. Lowell Ponte, *The Cooling*, *op*. cité.

Chapitre 5 : L'Espace

naire et produire ces trous dans la couche d'ozone au-dessus d'une zone ciblée, par exemple le Vietnam. Il commente ensuite les hypothèses de G. MacDonald :

> [...] Le ministère de la Défense est intervenu dans tous les domaines que MacDonald décrit. [...] Il a étudié les moyens d'endommager la couche d'ozone à la fois avec des lasers et par le bombardement de réactifs chimiques.[170]

Les explosions nucléaires ne sont pas citées, mais il existe la crainte, dans les années 70, qu'elles puissent endommager la couche d'ozone compte tenu des oxydes d'azote qu'elles génèrent. Bien que « les trois cents mégatonnes des essais nucléaires atmosphériques effectués par les USA, le Royaume-Uni et l'URSS entre 1945 et 1963, aient détruit 4 % de la couche d'ozone »,[171] les analyses postérieures ont toutefois tendance à montrer que les tests nucléaires réalisés en atmosphère, y compris ceux de la Chine, n'ont pas de conséquence sur cette couche protectrice, en tout cas, ne l'empêchent pas de se reconstituer, car l'ozone est créé en permanence par les rayons solaires. Par suite, s'il y a un « trou » permanent au-dessus d'une zone, c'est qu'il devrait s'y produire une action continue, qu'elle soit chimique, laser ou d'une autre nature.

Utiliser cette arme environnementale ne pose donc pas de problèmes techniques insurmontables. Ils semblent d'ailleurs bien maîtrisés, d'autant plus que les essais ou les observations ont commencé il y a plusieurs décennies. Voici, par exemple, ce que relate le Dr Rosalie Bertell :

> Les USA et le Canada coopèrent à des expériences de modifications climatiques depuis 1958. Des fusées Black Brant fabriquées à Winnipeg, Manitoba, sont utilisées depuis de nombreuses années pour propulser des Modules de rejet de produits chimiques (CRM) dans l'atmosphère supérieure. En février 1983, des pulvérisations dans l'ionosphère provoquèrent une aurore boréale au-dessus de Churchill, Manitoba.

---

170. *Unless Peace Comes*, Nigel Calder, The Penguin Press, 1968. Édition française : *Les Armements modernes*, Flammarion, 1970.
171. *La Planète Terre, ultime arme de guerre*, tome 2, op. cité.

En mars 1989, deux fusées Black Brant X et deux fusées Nike Orion furent lancées et rejetèrent du baryum à de très hautes altitudes, créant des nuées ardentes artificielles qu'on put observer jusqu'à Los Alamos, Nouveau-Mexique, où se trouve le laboratoire d'armes nucléaires des États-Unis.

Le programme CRM Churchill concernait différents composés du baryum, y compris de l'azoture de baryum, du chlorate de baryum, du nitrate de baryum, du perchlorate de baryum et du peroxyde de baryum. Tous ces produits sont combustibles et la plupart détruisent la couche d'ozone.[172]

De même, le Dr Kamal Ketuly, professeur associé en chimie et titulaire d'un Ph.D., s'étonne dans un article publié le 12 décembre 2016 sur le site Learning Cities Networks,[173] qu'un documentaire de la BBC sur les changements climatiques en Antarctique se soit contenté d'à peine mentionner que s'y trouvent de grosses quantités de CFC. Un tel constat devrait être impossible puisqu'ils sont uniquement d'origine humaine. Comment peut-il y en avoir au-dessus d'un continent inhabité ? Voici ses explications :

Au début des années 1960, certains pays menèrent plusieurs expériences militaires stratégiques top secrètes pour attaquer la couche d'ozone en utilisant des CFC ; elles eurent lieu en Antarctique. L'objectif militaire de ces expériences était de pratiquer un trou dans les couches d'ozone de la stratosphère au-dessus d'une région spécifique de la Terre pour permettre aux rayons cosmiques ultra-violets à haute énergie létale de tuer silencieusement les habitants de la zone ciblée.

Les grandes quantités de CFC utilisées dans ces expériences restèrent et contaminèrent l'Antarctique. Les CFC sont des composés organiques très stables qui ne se détruisent pas facilement, surtout dans les conditions froides de l'Antarctique.

---

172. Dr Rosalie Bertell, *La Planète Terre, ultime arme de guerre* (vol. 1), Talma Studios, 2018.
173. http://lcn.pascalobservatory.org/pascalnow/pascal-activities/news/ozone-depletion-and-climate-change-why-are-there-large-quantities-u

Chapitre 5 : L'Espace

Le Dr Ketuly poursuit ses observations, qu'il étend à la Terre, en constatant que l'attention s'est désormais déplacée vers le CO_2, oblitérant le problème des CFC :

> Ces rayonnements à haute énergie qui pénètrent dans les couches d'ozone diluées de notre planète pourraient être directement responsables des incendies de forêts inhabituellement importants et répétés se produisant dans le monde entier. [...] Ces rayonnements pourraient également être responsables de l'expansion des déserts africains, surtout dans le nord, avec des périodes de sécheresse plus longues. Et aussi des changements progressifs et de la destruction observés des récifs coralliens en Australie. [...]
>
> La diminution de l'épaisseur des couches d'ozone, la pénétration des rayonnements de haute énergie et l'augmentation des niveaux d'oxygène causés par les CFC artificiels pourraient bien être les principaux facteurs qui influencent les changements climatiques sur Terre, plus que la combustion des énergies fossiles.

Peut-être que les CFC ont disparu de la scène médiatique au profit du CO_2 parce qu'eux ne généreront pas des milliards de dollars de profit pour les banques, les fonds d'investissement et les investisseurs privés, dont l'ancien vice-président des États-Unis Al Gore ? L'une des initiatives à cet effet est la création à Londres de la société Climate Exchange PLC, qui lance le premier marché au monde d'échange de quotas d'émission de gaz à effet de serre, autrement appelés « droits à polluer », d'abord à Chicago en 2003 puis en Europe en 2005. Celui qui rédige les statuts de la Climate Exchange PLC est un juriste encore mondialement inconnu du nom de... Barack Obama. Faute d'activité suffisante, la société arrête ses activités de trading en 2010.

En conclusion de cette partie, l'arme que constitue la couche d'ozone est testée depuis longtemps par les militaires. En revanche, son utilisation tomberait directement sous la qualification de « crime contre l'humanité », car les populations civiles en seraient les premières victimes. À condition toutefois d'apporter la preuve de son application, ce qui est toujours délicat voire impossible en matière d'arme environnementale, ainsi que nous l'avons déjà souligné à plusieurs reprises. Cependant, l'espace est suffisamment monitoré pour que, normalement, il ne puisse pas être fait un usage insidieux de cette arme spécifique. Il serait nécessaire toutefois de revenir sur la question des CFC et de faire en sorte de limiter, pour ne pas dire « supprimer », leur présence dans l'atmosphère.

Voici toutefois un extrait de la conclusion d'une étude scientifique récente publiée le 28 mars 2018 dans le *Journal of Geography, Environment and Earth Science International* :

> En outre, nous remettons en question la supposition simpliste du protocole de Montréal selon laquelle les CFC sont la principale cause de l'appauvrissement de la couche d'ozone et soulignons le très lourd poids des halogènes introduits dans l'atmosphère par les épandages aériens continus de la géoingénierie.[174]

Les halogènes sont des éléments chimiques du dix-septième groupe du tableau de Mendeleïev et comprennent le chlore, le brome, l'iode, le fluor... Ainsi que nous l'avons relaté dans *L'Arme climatique* et le documentaire *Bye Bye Blue Sky*, certaines de ces substances, qui peuvent pourtant se révéler toxiques, sont déversées dans l'atmosphère. Si, comme l'ont mesuré ces scientifiques, elles appauvrissent la couche d'ozone, les conséquences sur la santé sont encore plus graves qu'imaginées. Il faut donc arrêter immédiatement toutes les opérations de géoingénierie, qu'elles soient perpétrées par les militaires ou des intérêts privés, par exemple avec le soutien de la Fondation Bill et Melinda Gates.

---

[174]. *Deadly Ultraviolet UV-C and UV-B Penetration to Earth's Surface: Human and Environmental Health Implications*, J. Marvin Herndon, Raymond D. Hoisington, Mark Whiteside, *Journal of Geography, Environment and Earth Science International*, 28 mars 2018.

Chapitre 5 : L'Espace

L'électrojet

Selon Nick Begich et Jeane Manning,[175]

> la première cible de l'armée américaine est l'électrojet : une rivière d'électricité qui coule sur des milliers de kilomètres dans le ciel et descend vers la calotte polaire. L'électrojet deviendra une antenne artificielle vibrante pour l'envoi de rayonnement électromagnétique vers la terre.

L'électrojet est effectivement un courant électrique qui se situe dans l'ionosphère, entre 100 et 150 km au-dessus de la Terre. Il en existe un au niveau de l'équateur, appelé « électrojet équatorial », qui circule en direction de l'est, et un à proximité de chaque pôle. « C'est une source d'énergie électrique qui surpasse tout sur Terre », ainsi que le décrit le Dr Rosalie Bertell.[176] Elle ajoute :

> L'un des principaux objectifs du projet [Haarp] est la manipulation de l'électrojet. S'il touche la terre, il peut faire sauter un réseau électrique important, privant ainsi une grande région d'électricité. Peut-être que cela peut aussi être utilisé pour « déposer de l'énergie » (un euphémisme militaire pour provoquer une explosion) en un certain point de la Terre. Lorsque Haarp sera terminé, il pourra chauffer des zones spécifiques de l'ionosphère jusqu'à ce qu'elles produisent une lentille incurvée capable de rediriger d'importantes quantités d'énergie électromagnétique. Ces faisceaux électromagnétiques réfléchis peuvent se situer dans la gamme des micro-ondes ou des ultraviolets, et pourraient être utilisés comme arme pour brûler une forêt ou des réserves de pétrole, ou pour tuer sélectivement les êtres vivants.

Selon elle, le danger de Haarp va bien au-delà de la manipulation de l'électrojet :

> Un des buts du projet Haarp est la génération d'ondes extrêmement basse fréquence (ELF). Fondamentalement, les émetteurs peuvent converger leurs faisceaux sur l'électrojet et lorsque les

---

175. *Angels Don't Play This HAARP*, op. cité.
176. *La Planète Terre, ultime arme de guerre*, p. 176.

rayons synchronisés le frappent à angle droit, ils font que la rivière d'énergie électromagnétique se propage de côté. Lorsque les rayons sont éteints, le jet revient en position normale. Si les rayons transmis sont activés et désactivés de manière rythmée, le mouvement vers l'extérieur et vers l'intérieur crée un courant alternatif qui génère des ondes ELF pulsées.

C'est la porte ouverte vers différents types d'armes environnementales, qu'elles agissent sur le climat ou les séismes, et tous leurs dérivés.

Et la Lune ?

Alors que la Chine pose le 3 janvier 2019 un engin d'exploration pour la première fois sur la face cachée de la Lune, il devient indispensable de reposer la question de son statut international sur le plan militaire. En effet, à partir du moment où les scientifiques chinois réalisent des expériences sur notre satellite, même à destination civile, peut-on imaginer que l'Armée populaire de libération ne s'y intéresse pas ou n'y participe pas d'une façon ou d'une autre ?

Sur le plan des conventions, nous avons mentionné dans le chapitre 1 que le Traité sur la Lune de 1979 n'est signé que par seize États, en tout cas par aucun de ceux qui développent un programme lunaire, dont les États-Unis, la Russie, la Chine, le Japon et l'Inde. C'est donc le Traité de l'espace de 1967 qui s'applique. Si l'article IV dispose que « Tous les États parties au Traité utiliseront la Lune et les autres corps célestes exclusivement à des fins pacifiques », les limitations que comporte la suite du texte n'excluent pas la possibilité d'y réaliser des expériences civiles.

Il est inévitable de penser qu'elles peuvent comporter un volet militaire caché. Ainsi que nous l'avons indiqué, si les Chinois décidaient, par exemple, d'y installer un laser pour lutter contre le supposé réchauffement climatique terrestre dû au CO_2, n'aurait-il aucun éventuel usage militaire ? Ne serait-ce pas plutôt, en fait, sa véritable fonction ? Déjà que sur Terre il est presque impossible de déceler l'utilisation de l'arme environnementale, alors sur la Lune...

D'autant plus que les militaires ont commencé à travailler il y a plus de cinquante ans sur des projets qui pourraient inquiéter s'ils avaient été mis à exécution.

Pour mémoire, le 4 octobre 1957, les Soviétiques réussissent à lancer le premier satellite artificiel autour de la Terre, Spoutnik, tandis que les Américains échouent avec leur équivalent, le projet Vanguard. C'est dans ce contexte de la guerre froide que s'intensifie la course à l'espace. La Nasa n'existe pas encore (elle est créée le 29 juillet 1958), c'est donc l'armée qui est en charge d'au moins trois programmes lunaires : A119, Lunex et Horizon.

Le projet A119

Au minimum dès 1957, les militaires américains réfléchissent à la possibilité de faire exploser une bombe sur la Lune. Est développé à cet effet le projet A119, dont voici un résumé par Wikipedia :

> Le projet A119, également connu sous le nom de *A Study of Lunar Research Flights*, était un plan top-secret élaboré en 1958 par l'Armée de l'air américaine. Le but du projet était de faire exploser une bombe nucléaire sur la Lune, ce qui aurait aidé à répondre à certains des mystères de l'astronomie planétaire et de l'astrogéologie. Si l'engin explosif avait explosé à la surface, et non dans un cratère lunaire, l'éclair de lumière aurait été faiblement visible à l'œil nu pour les habitants de la Terre, mais aurait produit une démonstration de force permettant de remonter le moral à l'intérieur des États-Unis, ce qui était nécessaire après que l'URSS eut pris les devants dans la course spatiale et travaillé également sur un projet similaire.[177]

C'est donc en mai 1958 que l'Armour Research Foundation commence à étudier les conséquences potentielles d'une explosion sur la Lune. Est réunie à cet effet une équipe de dix experts à Chicago, qui doivent, entre autres objectifs, réaliser une charge nucléaire suffisamment compacte pour être lancée vers la Lune et y exploser de façon visible à l'œil nu depuis la Terre.

---

177. https://en.wikipedia.org/wiki/Project_A119 (passage traduit de l'anglais).

Le projet initial prévoit de détoner une bombe à hydrogène, mais l'U.S. Air Force écarte cette option, car la charge serait trop lourde pour être acheminée, même par les missiles balistiques intercontinentaux les plus puissants de l'époque.

Le projet est finalement annulé en janvier 1959,

> apparemment par crainte d'une réaction négative de la part du public et du risque pour la population si quelque chose tournait mal avec le lancement. Un autre facteur, cité par Leonard Reiffel, chef de projet, était les répercussions possibles des retombées nucléaires sur les futurs projets de recherche lunaire et sa colonisation.

Le programme A119 reste secret pendant près de quarante ans, jusqu'au milieu des années 90. C'est après une requête via le Freedom of Information Act (FOIA) que *A Study of Lunar Research Flights* – Volume I est rendue publique. Les autres volumes du projet sont détruits dans les années 80.

Il faut attendre encore plus longtemps et à partir de 2010 seulement pour avoir la confirmation que l'armée soviétique développa un projet similaire à la même époque. Commencé en 1958, il comprend quatre phases : E-1, consistant à atteindre la Lune, E-2 et E-3 visant à prendre des photos de la surface, et E-4 à y faire exploser une bombe atomique. Heureusement, comme son équivalent américain, ce projet est abandonné compte tenu du danger qu'il représente, y compris en cas d'accident au décollage ou en vol à proximité de la Terre.

Le projet Lunex

Après le projet d'explosion d'une bombe atomique sur la Lune, le Lunar Expedition Plan, ou Lunex, initié en 1958, projette d'y envoyer trois hommes, avec l'installation d'une base afin qu'ils puissent y vivre et travailler. Voici les enjeux tels qu'ils sont résumés dans les premières pages du rapport d'une division spécialisée de l'Air Force :

1.1 Objectif

Le Lunar Expedition a pour objectif l'exploration de la Lune avec le premier alunissage et retour habités à la fin de 1967. Cette seule réalisation, si elle est accomplie avant l'URSS, servira à démontrer de façon concluante que notre pays possède la capacité de remporter la future compétition technologique. Aucune réalisation spatiale autre que cet objectif n'aura autant d'importance technologique, d'impact historique ou ne soulèvera plus d'enthousiasme dans le monde entier.

1.2 Background

Des études approfondies menées par des équipes de l'Air Force et de l'industrie en 1958, 1959 et 1960 examinèrent toutes les facettes du problème et des techniques pour envoyer des hommes sur la Lune et aboutirent à un concept réalisable, atteignable à une date raisonnable, tout en étant économique et fiable. Les laboratoires de l'Air Force participèrent à cet effort, établissant ainsi une vaste base technologique à même de satisfaire rapidement à un programme élargi hautement prioritaire.[178]

Lunex sera ensuite managé par la Nasa, qui lancera le célèbre programme Apollo. L'une des différences principales entre les deux est que les militaires prévoyaient que le même véhicule se poserait et redécollerait de la Lune, comme le ferait une navette ou un avion. Ils envisageaient même qu'une partie des composants du véhicule soit assemblée en orbite. Quant au planning, il indiquait un premier vol circumlunaire en 1966 et l'aller-retour habité pour le troisième semestre 1967, soit deux ans avant ce qu'accomplit la Nasa.

La lecture de ce rapport témoigne de la méconnaissance de notre satellite à cette époque, puisque le projet prévoit d'utiliser les ressources lunaires, dont

> l'eau apparaît d'importance majeure à la fois comme carburant et comme moyen de survie. Elle sera probablement présente

---

[178]. *Lunar Expedition Plan / Lunex*, Headquarters Space Systems Division, Air Force Systems Command, mai 1961.

sous forme de glace dans les zones non ensoleillées de façon permanente et dans certains minéraux tels que la serpentine. (p. 82).

C'est sur ce genre de postulat qu'est sans doute fondé le calcul que ces expéditions habitées deviendront permanentes à partir de janvier 1968. L'ensemble du projet nécessite un financement de 7,5 milliards de dollars entre 1962 et 1971.

Le projet Horizon

Il n'y a pas que l'U.S. Air Force qui s'intéresse à la Lune dans les années cinquante, puisque l'U.S. Army ou Armée de Terre produit l'étude de faisabilité du projet Horizon en 1959, dont voici la présentation en page 3 :

> Il faut un avant-poste militaire habité sur la Lune. Il est nécessaire pour développer et protéger les intérêts potentiels des États-Unis sur la Lune ; pour mettre au point à partir de la Lune des techniques de surveillance de la Terre et de l'espace, de relais de communication et d'opérations à la surface de la Lune ; pour servir de base à l'exploration de la Lune, à l'exploration spatiale et aux opérations militaires sur la Lune si nécessaire ; pour appuyer les recherches scientifiques sur la Lune.[179]

Ce projet à destination quasi-exclusivement militaire ne dépasse pas le stade de l'étude de faisabilité par suite du transfert à la Nasa de la responsabilité du programme spatial des États-Unis. De toute façon, comme les autres programmes militaires concernant la Lune, il n'est pas envisagé alors qu'elle soit utilisée comme arme environnementale, mais plutôt comme support à des armes environnementales ou autres pour menacer la Terre.

De toute façon, sans aller jusqu'à la Lune, au moins les trois premiers pays militaires de la planète développent déjà des armes et des armées spatiales. Qui peut imaginer qu'elles n'auront aucun impact sur notre planète et ses habitants ?

---

179. *Project Horizon, Volume I, Summary and Supporting Considerations*, U.S. Army, 9 juin 1959.

Conclusion

Sauver la planète ?

À l'issue de cette étude synthétique,[180] il ne peut plus y avoir de doute sur le développement par les militaires depuis au moins un siècle d'armes environnementales et climatiques, et même de leur utilisation en temps de paix et de guerre. Quelles en sont les conséquences pour la Terre et ses habitants ? Il est difficile de les mesurer, d'autant plus que nous ne connaissons pas exactement et de façon exhaustive ce qui fut, est et sera pratiqué, principalement par les armées des États-Unis et de l'Otan en général, de la Russie, de la Chine...

Cette question cruciale n'est même jamais abordée par ceux qui répètent dès qu'ils sont à portée de médias qu'ils luttent pour « sauver la planète » du « réchauffement climatique » – devenu entre-temps « changement climatique » puis « dérèglement climatique », car les données ne collaient pas aux théories –, à cause de « l'horreur » du CO_2. Rappelons que ce composé inorganique est pourtant indispensable à la vie, et que son augmentation dans le ciel favorise la croissance de la végétation, donc de la production alimentaire sur terre et en mer. D'ailleurs, quand il est question de « l'augmentation du CO_2 », rappelons qu'en un siècle, sa proportion est passée de trois à quatre molécules sur un total de dix mille molécules d'air sec. Et l'on veut nous faire croire qu'à lui seul il est responsable du changement climatique, c'est-à-dire des températures hivernales de plus en plus en froides en Amérique du Nord, de celles qui augmentent ailleurs, des phénomènes climatiques violents, dont les ouragans, les inondations, etc. ?

---

180. Des pans entiers d'armes environnementales potentielles n'ont pu être présentés dans ces pages faute d'information officielle suffisante, par exemple celles utilisant les ondes scalaires ou l'énergie dirigée. Pourtant, leur existence ne fait aucun doute.

L'Arme environnementale

Nous avons même lu des déclarations de « responsables » politiques que l'augmentation du CO_2 dans l'atmosphère serait la cause de tremblements de terre. Il fallait y penser et nous sommes curieux de connaître les travaux scientifiques qui étayent de tels effets d'annonce. En revanche, le fait que de plus en plus de séismes soient induits par les activités humaines, civiles et militaires, ne peut être remis en question. Il suffit de lire, par exemple, les rapports de l'USGS pour en être convaincu. Et le phénomène ne touche pas que l'Amérique du Nord, presque tous les continents sont impactés.

Même s'il est difficile de connaître avec précision ce que font les militaires, les graves bouleversements des cycles climatiques planétaires constatés aujourd'hui ne proviendraient-ils pas plutôt, entre autres, des explosions atomiques dans la ceinture de Van Allen qui l'ont modifiée pour des décennies, voire des siècles, des expériences Haarp et du Pivert-Tesla soviétique de réchauffement de l'ionosphère, des essais sur l'électrojet et les rivières de vapeur, etc., que de la seule augmentation (limitée) du CO_2 en un siècle, particule aux proportions infimes dans l'immensité de l'atmosphère terrestre ?

Quoi qu'il en soit, la complicité des scientifiques dans ces dérives militaires est totale. D'ailleurs, deux autres dangers commencent à poindre à l'horizon, le premier étant la géoingénierie, une menace déjà bien réelle. En effet, au nom de la lutte contre le « réchauffement climatique », des scientifiques, dont certains sont financés par des organisations aux intentions suspectes comme la Bill & Melinda Gates Foundation, développent avec et/ou pour les militaires des programmes depuis longtemps opérationnels consistant à répandre dans le ciel des produits toxiques, métalliques, chimiques ou biologiques, sans aucune information ni contrôle des populations et sans étude d'impact préalable sur la santé et l'environnement. Qu'en disent les Don Quichotte et Sancho Panza de la croisade contre le CO_2 ? Rien, strictement rien, à condition même qu'ils aient entendu parler du sujet. Lorsque c'est le cas, ils se félicitent de ces opérations qui apportent de l'eau à leur moulin. Une eau empoisonnée, mais quelle importance, tant qu'ils reçoivent subsides et honneurs pour enfumer la planète avec la théorie du CO_2 anthropique.

Le deuxième danger est tellement lointain qu'il paraît, pour l'instant, inoffensif, comparativement à la géoingénierie, même s'il participe d'un processus similaire. Il a pour nom la terraformation ou la biosphérisation, terme désormais retenu officiellement, qui désigne :

> la transformation de tout ou partie d'une planète, consistant à créer des conditions de vie semblables à celles de la biosphère terrestre en vue de reconstituer un environnement où l'être humain puisse habiter durablement.[181]

Ainsi, il est envisagé de commencer à transformer l'atmosphère de Mars ou de Vénus, voire d'Europe (satellite de Jupiter) et de Titan (satellite de Saturne) pour les rendre habitables. Saccager la Terre ne suffit plus à l'attelage infernal militaires-scientifiques, il faut désormais le faire dans le reste du système solaire. Quand allons-nous enfin décider de traiter les vraies causes des problèmes et arrêter définitivement ces apprentis-sorciers qui empoisonnent la vie et la planète ? Et nous avec. D'ailleurs, ces catastrophes « naturelles » qui ne le sont pas prouvent que ce n'est pas la Terre notre ennemie. Définitivement, savoir que ces armes existent et sont utilisées est même porteur d'espoir : ce que fait l'Homme peut être défait.

— FIN —

---

[181]. JORF n° 0091 du 17 avril 2008, page 6413, texte n° 138, Vocabulaire des sciences et techniques spatiales, https://www.legifrance.gouv.fr/affichTexte.do?cidTexte=JORFTEXT000018656843

Postface

Le 11 avril 2019 est introduit à la Chambre des représentants de l'État de Rhode Island *The Geoengineering Act*.[182] La modification du climat n'est donc pas qu'une théorie du complot ? D'ailleurs, d'autres États envisagent d'adopter la même législation, dont le Tennessee. Voici des extraits du texte de Rhode Island :

23-95-2. Intention législative.

a) Préserver l'utilisation sûre et pacifique de l'atmosphère de l'État de Rhode Island pour les populations et l'environnement, en réglementant et en interdisant les activités de géoingénierie qui sont nuisibles.

(b) La « géoingénierie » est définie comme la manipulation intentionnelle de l'environnement par le biais d'activités nucléaires, biologiques, chimiques, électromagnétiques et autres activités d'agents physiques qui entraînent des changements dans l'atmosphère ou à la surface de la Terre.

c) L'assemblée générale constate que la géoingénierie englobe de nombreuses technologies et méthodes impliquant des activités dangereuses qui peuvent nuire à la santé et à la sécurité humaines, à l'environnement, à l'aviation et à l'économie de l'État de Rhode Island.

d) L'assemblée générale a donc l'intention de réglementer toutes les activités de géoingénierie telles qu'elles sont décrites plus en détail dans les termes et dispositions du présent chapitre.

Même si le texte qui suit est un peu long, il témoigne sans aucune ambiguïté des dangers de la géoingénierie, contrairement à ce que disent ses partisans, qui nous expliquent qu'elle ne représente aucun risque pour l'être humain et l'environnement :

23-95-3. Constatations de fait.

(a) Contexte. La vie terrestre, ou « Bios », est un système qui peut être altéré et brisé par des perturbations telles que les activités humaines qui sont xénobiotiques (c'est-à-dire étrangères à la vie). Les

---

[182]. An Act Relating to Health and Safety – The Geoengineering Act, LC002175, 2019-H 5992, Rhode Island.

dommages causés par les polluants et d'autres activités humaines nuisibles sont incalculables, et l'état du système biotique de la Terre est largement décrit comme catastrophique et nécessitant des mesures de protection urgentes.

(b) Portée de la géoingénierie. Incluant la gestion du rayonnement solaire (MRS), l'élimination du dioxyde de carbone (CDR) et d'autres technologies, les activités de géoingénierie sont diverses, variant grandement dans leurs caractéristiques et leurs conséquences. La géoingénierie peut comprendre des activités terrestres, sous-marines ou atmosphériques, y compris, sans s'y limiter, l'ensemencement de nuages et d'autres moyens de déploiement de dangers par aéronefs, fusées, drones, gros ballons, infrastructures sans fil, navires ou sous-marins.

(c) Toutes les activités de géoingénierie nécessitent une licence d'État.

(d) Les activités de MRS comprennent, sans toutefois s'y limiter, l'injection d'aérosols stratosphériques (SAI), telles que :

(1) Boucliers solaires ou écrans solaires atmosphériques : Des matériaux réfléchissants sont injectés dans la stratosphère dans le but d'augmenter l'albédo. Il s'agit, entre autres, du dioxyde de soufre (SO_2), de l'acide sulfurique (H_2SO_4) et de l'oxyde d'aluminium (Al_2O_3).

(i) Selon la revue *Geophysical Research Letters*, le SO_2 injecté dans l'atmosphère se transforme lentement en H_2SO_4 et produit les effets néfastes de la réduction de la couche d'ozone et du chauffage radiatif de la basse stratosphère par réflexion et absorption de la chaleur terrestre. La Loi fédérale sur la qualité de l'air est axée sur la réduction du SO_2 et du H_2SO_4, les principales composantes des pluies acides. Selon l'Agence fédérale de protection de l'environnement (EPA), le SO_2 pénètre profondément dans les parties sensibles des poumons et est nocif pour l'environnement.

(ii) Selon les National Institutes of Health (NIH), Al_2O_3 cause une irritation des voies respiratoires, des yeux et de la peau ainsi que des dommages aux organes et des anomalies osseuses, en particulier lors d'expositions répétées ou prolongées ; et il peut être neurotoxique s'il est absorbé par le cerveau. L'article 313 de la Loi sur les plans d'urgence fédéraux et le droit communautaire à l'information (LRPCE) exige que toute personne qui fabrique, transforme ou utilise Al_2O_3 signale cette activité à l'Environmental Protection Agency (EPA). Tout aéronef contenant une substance dangereuse est considéré par l'article 103 de la Loi fédérale sur l'intervention environnementale globale, l'indemnisation et la responsabilité (LREPC) et par l'article 304 de l'EPCRA comme une « installation » tenue de déclarer un tel rejet dans l'environnement. Il est peu probable que les utilisateurs qui déploient des substances à des altitudes stratosphériques s'y conforment actuellement. Après leur libération stratosphérique, les particules de soufre et d'oxyde d'aluminium tombent dans la troposphère, empêchant la lumière du soleil d'atteindre la surface de la Terre, après quoi elles tombent sous forme de pollution acide, nuisant ainsi à la vie terrestre et aquatique. Les précipitations acides mobilisent davantage l'aluminium provenant de sources naturelles et des rejets anthropiques directs de composés d'aluminium dans les procédés de géoingénierie et industriels. Plus précisément, l'acidification de l'environnement mobilise l'aluminium des terres vers les milieux aquatiques. Les pluies acides dissolvent et emportent les nutriments et les minéraux du sol qui favorisent la croissance des plantes, réduisent la photosynthèse en enlevant le revêtement cireux des feuilles et finissent par tuer la vie aquatique dont les humains dépendent.

(2) Rejets de noir de carbone : Les rejets atmosphériques délibérés de suie sont utilisés pour produire des phénomènes météorologiques artificiels, augmentant l'albédo et réfléchissant la lumière du soleil ;

(3) Émissions des fusées : Il s'agit, entre autres, de particules de noir de carbone et d'alumine en plus de la vapeur d'eau, un « gaz à effet de serre », qui bloque la lumière solaire et réfléchit la chaleur terrestre ;

(4) L'éclaircissement des nuages : Le chlorure de sodium (NaCl) ou le sel marin, l'eau de mer, l'acide nitrique (HNO_3) ou d'autres substances injectées dans les nuages rendent les nuages plus réfléchissants, après quoi le sel et d'autres substances tombent sur les zones terrestres et les réserves en eau douce ;

(5) Fusées éclairantes au sel : Tirées dans les nuages, ces fusées dé-

clenchent des pluies diluviennes contenant du sel, qui contaminent les réserves d'eau douce, dessèchent les surfaces et rendent l'atmosphère plus conductrice ;

(6) Les émissions d'iodure d'argent (AgI) ou de neige carbonique solide, ou les deux, qui sont du dioxyde de carbone (CO_2), ces derniers niveaux croissants étant destinés à être réduits ;

(7) Production de couvertures nuageuses : Les rejets aériens de vapeur d'eau, un « gaz à effet de serre », entraînent une couverture nuageuse d'origine anthropique qui emprisonne la chaleur terrestre ;

(8) Miroirs réfléchissants en treillis : Les miroirs en treillis métallique, déployés dans l'espace, réduisent la quantité de lumière solaire directe atteignant la surface de la Terre sur de petites ou grandes surfaces, selon leur taille ;

(9) Pare-soleil ou pare-soleil spatiaux : D'énormes dispositifs semblables à des parasols réduisent la quantité de lumière solaire directe qui atteint la surface de la terre ;

(10) Parasols planétaires : Ces plus grandes opérations de MRS utilisent des particules pour couvrir, au fil du temps, la totalité de la Terre, ce qui réduit la couche d'ozone de soixante-seize pour cent (76 %) et la quantité de lumière solaire directe qui atteint la surface de la Terre ;

(11) Ionosphère artificielle : Un nuage de plasma soutenu à haute densité est produit dans la haute atmosphère terrestre.

(12) Grands ballons d'hélium qui libèrent des contaminants atmosphériques tels que le SO_2.

d) Le PCEM, qui comprend le piégeage, le captage ou l'élimination du dioxyde de carbone constitué de :

(1) Piégeage terrestre et océanique du carbone, également appelé géoséquestration du CO_2 ;

(2) Le captage ou l'élimination du carbone, qui consiste à capter ce qui est considéré comme des « déchets » de CO_2 et à les déposer sur des sites de stockage ;

(3) Le biochar, qui nécessite de brûler d'énormes quantités de biomasse comme les arbres, les cultures et les déchets solides ;

(4) La fertilisation des océans (OF) par le déversement de limaille de fer, de chaux et d'urée afin de séquestrer le CO_2, produisant des proliférations d'algues artificielles nuisibles et réduisant l'oxygène et les nutriments nécessaires ;

(5) Les arbres en plastique mangeurs de CO_2 génétiquement modifiés ; et

(6) D'autres activités de géoingénierie nécessitant une licence d'État comprennent, sans s'y limiter :

(i) Conduites de refroidissement de l'océan, qui, selon des rapports récents, aggraveraient le réchauffement des océans ;

ii) Givrer ou refroidir les zones arctiques et autres par des moyens artificiels ;

iii) Générateurs de nuages-nucléateurs au sol ;

iv) Modification des conditions météorologiques entraînant le rejet de sel marin, d'iodure d'argent, de baryum ou d'autres particules pour améliorer les précipitations (pluie ou neige) dans une zone, tout en réduisant les précipitations dans les autres zones ;

v) Déploiement d'une couverture réfléchissant les glaciers, de vastes zones polaires devant être recouvertes de suie ;

vi) Élimination et séquestration de l'azote ;

vii) La modification de l'évaporation, par l'épandage de divers types de films sur de grandes étendues d'eau ;

viii) Production de vapeur d'eau par fission ou fusion nucléaire, contaminant les sources d'eau ;

ix) Les lâchers de paillettes, qui impliquent la dispersion de faisceaux de millions de fibres de silice recouvertes d'aluminium d'une longueur de un et cinq dixièmes de centimètres (1,5 cm), deux et cinq dixièmes de centimètres (2,5 cm) et cinq centimètres (5 cm), qui s'étendent sur des centaines de kilomètres, restent dans les airs pendant une journée, puis se détachent pour créer une confusion avec la vision satellite. Les paillettes causent des pannes d'électricité et nuisent au contrôle du trafic aérien, aux prévisions météorologiques et à la recherche climatique à long terme ;

x) Le déploiement de rayonnements de radiofréquences/ hyperfréquences (RF/MW) ou de champs électriques ou magnétiques à basse fréquence, autres que pour la sécurité et les communications aériennes, par de grandes infrastructures, des antennes uniques, des antennes à haute densité, des satellites ou autres moyens ; et

xi) Vibrations ou bruits mécaniques intenses autres que ceux provenant de la propulsion d'un aéronef ou d'autres agents physiques, tels que des changements intentionnels de la température ambiante ou de la pression barométrique, ou une lumière excessive la nuit, pour quelque raison que ce soit, ou provenant par inadvertance d'autres activités.

e) Les activités de géoingénierie aériennes comprennent celles menées à partir de tout type de véhicule aérien, fusée, drone ou ballon, qui impliquent le rejet ou le déploiement de tout rayonnement nucléaire ; tout agent biologique ou transbiologique ; toute substance ou mélange chimique, y compris toute substance chimique ajoutée aux émissions de carburant de l'aéronef ; l'ensemencement des nuages ; tout rayonnement électromagnétique autre que radar ou communication radio nécessaire pour la sécurité de l'aéronef ou tout autre agent physique nuisible, sont soumis à un processus réglementaire, notamment le processus de licence, conformément au présent chapitre.

f) Conséquences. Les problèmes documentés découlant des activités de géoingénierie comprennent, sans toutefois s'y limiter :

(1) Contamination de l'air, de l'eau et du sol lorsque des particules tombent à la surface de la terre, et autres contaminations, y compris par des vapeurs et des agents physiques, au niveau du sol ou de la mer ;

(2) Dégradation de la santé et de la productivité des êtres humains, des animaux et des végétaux, lorsque des personnes et d'autres organismes vivants sont exposés à des particules, des vapeurs et d'autres contaminants issus de la géoingénierie, souvent en violation du National Environmental Protection Act of 1970 (NEPA) ;

(3) L'accélération de la perte de la biodiversité et des espèces, en particulier la perte d'espèces en voie de disparition et menacées

telles qu'identifiées dans le Federal Endangered Species Act de 1973 (ESA), dont chacune a une valeur intrinsèque ainsi qu'une valeur en ressources humaines, et dont chacune ne peut supporter, selon l'ESA, de nouvelles modifications ou dégradations des habitats ;

(4) Conditions météorologiques extrêmes, avec des températures, des incendies, des vitesses de vent, des précipitations, des tempêtes électriques, des ouragans et des tornades sans précédent, entraînant des pertes en vies humaines, en structures et en infrastructures à grande échelle, et une réduction importante de la production alimentaire des États, régionale et mondiale ;

(5) Changements dans les microclimats, les conditions météorologiques locales et les climats à grande échelle en peu de temps, avec des effets climatiques et des ramifications politiques accrus et en cascade ;

(6) L'obscurcissement global, qui diminue la vitamine D (calciférol) chez l'homme et l'animal, entraînant une malabsorption du calcium, du magnésium et du phosphate ; et qui réduit la photosynthèse, avec des pertes en agriculture et en productivité ;

(7) Moins de lumière solaire directe atteignant la surface de la terre, avec moins de gel hivernal et plus d'humidité, ce qui entraîne une augmentation des moisissures, des champignons et d'autres pathogènes et parasites qui se développent dans ces conditions ;

(8) Augmentation des charges de pluies acides résultant de l'injection ou des rejets atmosphériques de soufre et d'oxyde d'aluminium, avec dégradation des ressources humaines, animales, végétales et hydriques ;

(9) Changements dans les schémas de distribution et le contenu chimique des précipitations, entraînant des inondations, des sécheresses et la possibilité de conflits politiques internationaux à cet égard ;

(10) Floraison d'algues, avec des effets néfastes sur la santé humaine, les systèmes aquatiques et les économies ;

(11) La quasi-impossibilité de restaurer des ressources naturelles dévalorisées, ce qui compromet les programmes de conservation financés par l'État ;

(12) Augmentation du rayonnement ultraviolet (UV, y compris les UVA, UVB et UVC), à la surface de la terre : Les UV sont fortement absorbés par les matériaux organiques tels que les tissus vivants, avec une énergie élevée et de petites longueurs d'ondes UVC particulièrement capables de détruire l'ADN et la reproduction ;

(13) Combustibilité accrue des surfaces terrestres de la terre, au moyen de particules tombées avec une incidence accrue d'incendies ;

(14) Augmentation significative des vibrations mécaniques ambiantes et de la pollution sonore, entraînant, sans limitation, une incidence accrue des irrégularités du système nerveux et du cœur ;

(15) Augmentation de la teneur en métaux dans les organismes de surface et les organismes aquatiques, ce qui entraîne une augmentation de la conductivité électrique corporelle, avec plus de susceptibilités et de dommages ;

(16) Dommages extrêmes causés aux sous-populations humaines vulnérables et aux espèces les plus vulnérables ;

(17) Changements importants des propriétés électriques, magnétiques et électromagnétiques de l'atmosphère terrestre par l'induction d'un rayonnement RF/MW de haute intensité, entraînant des conditions météorologiques extrêmes et moins prévisibles, la dessiccation des animaux et des plantes terrestres et la réduction des populations animales et végétales qui dépendent de l'électromagnétisme pour leur navigation ;

(18) Atténuation de la visibilité et encombrement, réduisant la sécurité aérienne et accélérant l'incidence des collisions avec des « débris spatiaux » ou des ballons ;

(19) Retard de plusieurs décennies du rétablissement potentiel de la couche d'ozone ;

(20) La charge financière que représentent les particules métalliques en suspension dans l'air, réfléchissantes, telles que les paillettes, doit être réapprovisionnée à plusieurs reprises par les rejets des aéronefs, car leur durée atmosphérique est limitée ;

(21) Charge financière supplémentaire, puisque, selon le Pacific Northwest National Laboratory, la quantité de matériau injecté est

beaucoup moins efficace dans les nuages pollués, ce qui nécessite l'injection d'une quantité accrue de matériau pour éclaircir les nuages ;

22) Pertes économiques pour divers secteurs de la société et pour l'État lui-même, résultant, sans limitation, de dommages à la santé humaine, avec des besoins accrus et plus précoces en matière de soins de santé et des souffrances accrues pour les personnes blessées ou sensibilisées par des expositions dangereuses antérieures, des sols et des approvisionnements en eau contaminés, la perte de pollinisateurs comme les abeilles et les oiseaux, des rendements agricoles inférieurs, la mort et la disparition des forêts, la perte d'habitats, le déclin des pêches, des coûts croissants du nettoyage en vue de la pollution et la production réduite de la force solaire par manque de soleil qui atteint la surface du globe ; et

(23) Le potentiel et la facilité pour les ennemis, étrangers et nationaux, de causer intentionnellement du tort.

(g) Réponse aux mesures fédérales. Se dérobant à ses obligations de protéger la sécurité nationale, la sûreté, la santé et l'environnement, le gouvernement fédéral a agi par divers moyens pour causer des dommages par la géoingénierie, établissant ainsi, par le dixième amendement de la Constitution des États-Unis, la nécessité, l'autorité et l'obligation pour tous les États d'annuler les lois et dispositions fédérales destructrices, corriger le gouvernement fédéral, annuler ses plans de géoingénierie et d'intensification des antennes, et interrompre tout contrat en vigueur.

h) Compte tenu de ces faits, l'assemblée générale déclare que les activités de géoingénierie doivent être strictement réglementées par l'État dans le cadre d'un processus d'autorisation dans le cadre duquel un rapport d'impact environnemental et économique (EEIR) du département de gestion environnementale (DEM) et des rapports préliminaires et détaillés (IR) des agences, bureaux, départements et programmes publics visés aux § 23-95-6, ainsi que les informations recueillies lors des audiences publiques, doivent guider la prise de décision conformément au présent chapitre.

Bibliographie

Power and control of the Gulf Stream, Carroll Livingston Riker, The Baker & Taylor co., 1912

War Crimes in Vietnam, Bertrand Russell, Allen & Unwin, 1967

Angels Don't Play This Haarp, Jeane Manning et Nick Begich, Earthpulse Press, 1995. *Les Anges ne jouent pas de cette Haarp*, éd. Louise Courteau pour la version française.

Planet Earth, The Latest Weapon of War, Rosalie Bertell, The Women's Press, 2000. Édition française : La *Planète Terre, ultime arme de guerre*, Rosalie Bertell, Talma Studios, 2018.

Weather Warfare: The Military's Plan to Draft Mother Nature, Jerry E. Smith, Adventures Unlimited Press, 2006.

Agent Orange – Apocalypse Viêt Nam, André Bouny, Editions Demi-Lune, 2010.

The Sea Around Us, Rachel Carson, Open Road Media, 29 mars 2011.

L'Arme climatique – La manipulation du climat par les militaires, Patrick Pasin, Talma Studios, 3ᵉ édition, 2021.

www.ingramcontent.com/pod-product-compliance
Lightning Source LLC
Chambersburg PA
CBHW030037100526
44590CB00011B/234